新能源系列
XINNENGYUAN XILIE

# 新能源材料
## ——基础与应用

XINNENGYUAN CAILIAO JICHU YU YINGYONG

艾德生　高喆　编著

U0285651

化学工业出版社
·北京·

**图书在版编目（CIP）数据**

新能源材料——基础与应用/艾德生，高喆编著．—北京：
化学工业出版社，2009.12（2023.8 重印）
ISBN 978-7-122-06861-3

Ⅰ．新… Ⅱ．①艾…②高… Ⅲ．能源-材料 Ⅳ．TK01

中国版本图书馆 CIP 数据核字（2009）第 189306 号

---

责任编辑：赵玉清　　　　　　　　文字编辑：颜克俭
责任校对：宋　玮　　　　　　　　装帧设计：刘丽华

---

出版发行：化学工业出版社（北京市东城区青年湖南街 13 号　邮政编码 100011）
印　　装：北京虎彩文化传播有限公司
720mm×1000mm　1/16　印张 10¼　字数 134 千字　2023 年 8 月北京第 1 版第 10 次印刷

---

购书咨询：010-64518888　　　　　售后服务：010-64518899
网　　址：http://www.cip.com.cn

---

定　　价：35.00 元

# 序

当今，无论如何强调发展新能源和可再生能源的意义都不过分。我们的世界正面临着由于以化石燃料为基础而支撑的能源系统带来的一系列威胁：资源枯竭、环境污染、生态恶化、气候变化、贫富不均，直至由于能源问题而引发的国与国之间、地区之间的冲突、纠纷不断，直至战争。新能源和可再生能源具有资源可持续、清洁、分布均衡等特点，必将成为未来可持续能源系统的支柱。

我国的经济社会正在快速发展。在能源方面，我们既需要充足的能源供应以保障全面建设小康社会目标的实现，同时我们也面临着国内资源和环境的威胁，国际社会温室气体减排的压力。因此，国家把发展新能源和可再生能源作为长期能源战略的重要组成部分，而且制订了以《可再生能源法》为基础的一系列政策措施。几年来，新能源可再生能源在我国得到了快速发展，其广阔的前景正日益显现出来。

清华大学长期致力于能源科学技术研究和人才培养，形成了新型核能、太阳能、风能、生物质能以及新能源战略和政策等领域的新能源科研和教学体系，取得了一批有影响的科技成果。以这些科研和教学经验为基础，并吸收了国内外同行的大量研究成果，在化学工业出版社的支持下，几位教师编写了这套新能源丛书。

丛书按能源种类分册，内容涉及发展新能源的战略和政策，各类新能源资源核技术的特点、技术和产业发展现状、未来的发展趋势展望等。丛书内容丰富、通俗易懂，从中可以较清晰地了解发展新能源的意义，各种新能源技术的基本原理和发展路线、发展前景等，对于广泛和系统了解和认识新能源，这是一套很好的读物。

当然，新能源的发展是一个很复杂的系统工程，是一个很长的产业链、政策链和基础设施链，牵涉到技术、体制、政策、社会和个体的行为。所以，要起到有份额的作用，还有很长的路要走，尤其和我国国情有十分紧密的联系。在此期间，各种技术的发展还有可能不一致，会有很大的差异性。我们目前的认识，在技术发展有新突破、政策上有新措施的条件下将会有很大的变化。今天我们认为有前途的方向可能将来会"边缘化"，一些新的方向可能"异军突起"。总之，我们作为科技工作者应该结合国情不断变化地在技术创新方面下功夫，走出我国自己的新能源和可再生能源发展的道路来。相信这套丛书的发行，会在提高社会各界对新能源的了解，普及新能源知识，促进我国新能源快速发展方面做出应有的贡献。

虽然丛书中有关可再生能源的描述，社会上的专家不见得完全意见一致，有些同志会有不同的看法，这是很正常的。一个新生事物的发展总不可避免的有各种看法，在争议中成长。但是，了解它是第一位的，只有不断深入的了解，不断实践才会逐渐接近真理，这套丛书的作用就在于此。

清华大学 教授
工程院院士

倪维斗
2009.12.4

# 前　言

　　根据"中国 21 世纪初可持续发展行动纲要"，我们要坚持经济、社会与生态环境的持续协调发展，促进可持续发展战略与科教兴国战略的紧密结合。调整能源布局、改善能源结构，大力发展新能源技术成为了历史的必然，注重先进新能源材料的研究是我们的重点发展方向。新能源材料是指实现新能源的转化和利用以及发展新能源技术中所要用到的关键材料，它是发展新能源的核心和基础。本书编写的目的就是为广大读者系统地介绍有关新能源材料的技术基础与应用，对新能源材料涉及的内容进行分述，如新型储能材料、锂离子电池材料、燃料电池材料、太阳能电池材料、核能关键材料与应用、生物质能材料、风能等新能源材料技术与应用进行了概述。本书结合了多学科优势，力求兼顾科学素质教育的要求，理论上做简单介绍，不求深入研讨；文字叙述上通俗易懂，适合于高等院校与新能源领域相关的研究生、大学本科高年级学生作为新能源学科方面的概论教材，也适合于相关的科研与管理工作者参考使用。

　　清华大学核能与新能源技术研究院（核研院）是教育部系统中最大的科研实体，也是清华大学下属的最大研究实体。核研院以核能和核技术为主要研究特色，现拥有 3 个核反应堆，同时在新能源技术和新材料等方面不断拓宽着发展领域。早在 2005 年，时任教学副院长的姜胜耀教授领导并规划了新能源学科的教学计划，由主管科研的副院长王革华教授牵头组织一批从事新能源技术研究的专家学者编写了国内第一本系统的专著《新能源概论》，并在清华大学研究生中开设了相应的课程。2008 年教学副院长孙玉良教授组织了核研院课程建设工作小组，明确提出大力支持新能源学科的教材与专著出版。在此基础上，核研院的6位专家开始着手编写新能源进展丛书。本书即是该丛书之一，力图结合新能源技术，把新能源技术涉及的关键材料的基础与应用进行概述。

化学工业出版社对本书的出版给予了大力支持，中国科学院地质与地球物理研究所的叶大年院士就材料学基础提供了有益的讨论，清华大学核能与新能源技术研究院的同事何向明博士、谢晓峰博士等提供了大量的研究成果以供本书参考，在此一并致谢。

由于新能源技术涉及的学科广、发展迅速，本书作者水平有限，书中难免有不当之处，欢迎读者批评指正。

编者

2009 年 9 月于清华大学

# 目 录

 绪论 / 1

 新型储能材料 / 7

3 锂离子电池材料 / 27

# 4　燃料电池材料 / 57

**太阳能电池材料基础与应用** / 77

**其他新能源材料** / 123

# 绪　论

能源和材料是支撑当今人类文明和保障社会发展的最重要的物质基础。随世界经济的快速发展和全球人口的不断增长，世界能源消耗也大幅上升，伴随主要化石燃料的匮乏和全球环境状况的恶化，传统能源工业已经越来越难以满足人类社会的发展要求。众多有识之士一致认为，解决能源危机的关键是能源材料尤其是新能源材料的突破。在阐释新能源材料前，先介绍一下新能源的概念。

表 1-1　能源分类的方法

| 项目 | | | 可再生能源 | 不可再生能源 |
|---|---|---|---|---|
| 一次能源 | 常规能源 | 商品能源 | 水力（大型） | 化石燃料（煤、油、天然气等） |
| | | | 核能 | 核能 |
| | | | 地热 | |
| | | | 生物质能（薪材秸秆、粪便等） | |
| | | | 太阳能（自然干燥等） | |
| | | 传统能源（非商品能源） | 水力（水车等） | |
| | | | 风力（风车、风帆等） | |
| | | | 畜力 | |
| | 非常规能源 | 新能源 | 生物质能（燃料作物制沼气、酒精等） | |
| | | | 太阳能（收集器、光电池等） | |
| | | | 水力（小水电） | |
| | | | 风力（风力机等） | |
| | | | 海洋能 | |
| | | | 地热 | |
| 二次能源 | | | 电力,煤炭,沼气,汽油、柴油、煤油、重油等油制品,蒸汽,热水,压缩空气,氢能等 | |

物理学中将能量定义为做功的能力。能源的定义可理解为比较集中的含能体或能量过程，也可以理解为直接或经转换提供人类所需的光、热、动力等任何形式能量的载能体资源。表 1-1 列举了一些能源分类的方法，在分类中一次能源与二次能源、可再生能源与非再生能源等的含义可以参见《新能源概论》一书，这里强调一下常规能源与新能源。在相当长的历史时期和一定的科学技术水平下，已经被人类长期广泛利用的能源，不但为人们所熟悉，而且也是当前主要能源和应用范围很广的能源，称之为常规能源，如煤炭、石油等。一些虽属古老的能源，但只有采用先进方法才能加以利用，或采用新近开发的科学技术才能开发利用的能源；有些近一二十年来被人们所重视，新近才开发利用，虽然在目前使用的能源中所占的比例很小，但很有发展前途的能源，称它们为新能源或替代能源。常规能源与新能源是相对而言的，现在的常规能源过去也曾是新能源，今天的新能源将来又成为常规能源。

# 1.1　新能源的概念

新能源是相对于常规能源而言，以采用新技术和新材料而获得的，在新技术基础上系统地开发利用的能源，如太阳能、风能、海洋能、地热能等。与常规能源相比，新能源生产规模较小，使用范围较窄。如前所述，常规能源与新能源的划分是相对的。以核裂变能为例，20 世纪 50 年代初开始把它用来生产电力和作为动力使用时，被认为是一种新能源。到 80 年代世界上不少国家已把它列为常规能源。太阳能和风能被利用的历史比核裂变能要早许多世纪，由于还需要通过系统研究和开发才能提高利用效率、扩大使用范围，所以还是把它们列入新能源。联合国曾认为新能源和可再生能源共包括 14 种能源：太阳能、地热能、风能、潮汐能、海水温差能、波浪能、木柴、木炭、泥炭、生物质转化、畜力、油页岩、焦油砂及水能。目前各国对这类能源的称谓有所不同，但是共同的认识是，除常规的化石能源和核能之外，其他能源都可称为新能源或可再生能源，主要为太阳能、地热能、风能、海洋能、生物质能、氢能和水能。由不可再生能源逐渐向新能源和可再生能源过渡，是当代能源利用的一个重要特点。在能源、气候、环境问题面临严重挑战的今天，大力发展新能源和可再生能源是符合国际发展趋势的，对维护我国能源安全以及环境保护意义重大。

# 1.2 新能源材料基础

能源材料是材料学科的一个重要研究方向，有的学者将能源材料划分为新能源技术材料、能量转换与储能材料和节能材料等。综合国内外的一些观点，我们认为新能源材料是指实现新能源的转化和利用以及发展新能源技术中所要用到的关键材料，它是发展新能源技术的核心和其应用的基础。从材料学的本质和能源发展的观点看，能储存和有效利用现有传统能源的新型材料也可以归属为新能源材料。新能源材料覆盖了镍氢电池材料、锂离子电池材料、燃料电池材料、太阳能电池材料、反应堆核能材料、发展生物质能所需的重点材料、新型相变储能和节能材料等。新能源材料的基础仍然是材料科学与工程基于新能源理念的演化与发展。

材料科学与工程研究的范围涉及金属、陶瓷、高分子材料（比如塑料）、半导体以及复合材料。通过各种物理和化学的方法来发现新材料、改变传统材料的特性或行为使它变得更有用，这就是材料科学的核心。材料的应用是人类发展的里程碑，人类所有的文明进程都是以他们使用的材料来分类的，如石器时代、铜器时代、铁器时代等。21世纪是新能源发挥巨大作用的年代，显然新能源材料及相关技术也将发挥巨大作用。新能源材料之所以被称为新能源材料，必然在研究该类材料的时候要体现出新能源的角色。既然现在新能源的概念已经囊括到很多方面上，那么具体的某类新能源材料就要体现出其所代表的该类新能源的某个（些）特性。

# 1.3 新能源材料的应用现状

当前的研究热点和技术前沿包括高能储氢材料、聚合物电池材料、中温固体氧化物燃料电池电解质材料、多晶薄膜太阳能电池材料、新型储能材料等。新能源材料的应用现状可以概括为以下几个方面。

**(1) 锂离子电池及其关键材料** 锂离子电池及其关键材料的研究是新能源材料技术方面突破点最多的领域，在产业化工作方面也做得最好。在这个领域的主要研究热点是开发研究适用于高性能锂离子电池的新材料、新设计和新技术。在锂离子电池正极材料方面，研究最多的是具有 $\alpha$-$NaFeO_2$ 型层状结构的 $LiCoO_2$、$LiNiO_2$ 和尖晶石结构的 $LiMn_2O_4$ 及它们的掺杂化合物。锂离子电池负极材料方面，商用锂离子电池负极碳材料以中间相碳微球（MCMB）和石墨材料为代表。当前国内锂离子电池关键材料已经基本配套，为我国锂离子电池产业的更大发展创造了有利条件。

**(2) 镍氢电池及其关键材料** 镍氢电池是近年来开发的一种新型电池，与常用的镍镉电池相比，容量可以提高一倍，没有记忆效应，对环境没有污染。它的核心是储氢合金材料，目前主要使用的是 RE（$LaNi_5$）系、Mg 系和 Ti 系储氢材料。我国在小功率镍氢电池产业化方面取得了很大进展，镍氢电池的出口量逐年增长，年增长率为 30% 以上。世界各发达国家大都将大型镍氢电池列入电动汽车的开发计划，镍氢动力电池正朝着方形密封、大容量、高比能的方向发展。

**(3) 燃料电池材料** 燃料电池材料因燃料电池与氢能的密切关系而显得意义重大。燃料电池可以应用于工业及生活的各个方面，如使用燃料电池作为电动汽车电源一直是人类汽车发展目标之一。在材料及部件方面，主要进行了电解质材料合成及薄膜化、电极材料合成与电极制备、密封材料及相关测试表征技术的研究，如掺杂的 $LaGaO_3$、纳米 YSZ、锶掺杂的锰酸镧阴极及 Ni-YSZ 陶瓷阳极的制备与优化等。采用廉价的湿法工艺，可在 YSZ＋NiO 阳极基底上制备厚度仅为 $50\mu m$ 的致密 YSZ 薄膜，

800℃用氢作燃料时单电池的输出功率密度达到 0.3W/cm$^2$ 以上。

**(4) 太阳能电池材料** 基于太阳能在新能源领域的龙头地位，美国、德国、日本等发达国家都将太阳能光电技术放在新能源的首位。美国、日本、欧洲等国家的单晶硅电池的转换效率相继达到 20％ 以上，多晶硅电池在实验室中转换效率也达到了 17％，引起了各方面的关注。砷化镓太阳能电池的转换效率目前已经达到 20％～28％，采用多层结构还可以进一步提高转换效率，美国研制的高效堆积式多结砷化镓太阳能电池的转换效率达到了 31％，IBM 公司报道研制的多层复合砷化镓太阳能电池的转换效率达到了 40％。在世界太阳能电池市场上，目前仍以晶体硅电池为主。预计在今后一定时间内，世界太阳能电池及其组件的产量将以每年 35％ 左右的速度增长。晶体硅电池的优势地位在相当长的时期里仍将继续维持和向前发展。

**(5) 发展核能的关键材料** 美国的核电约占总发电量的 20％。法国、日本两国核能发电所占份额分别为 77％ 和 29.7％。目前，中国核电工业由原先的适度发展进入到加速发展的阶段，同时我国核发电量创历史最高水平，到 2020 年核电装机容量将占全部总装机容量的 4％。核电工业的发展离不开核材料，任何核电技术的突破都有赖于核材料的首先突破。发展核能的关键材料包括：先进核动力材料、先进的核燃料、高性能燃料元件、新型核反应堆材料、铀浓缩材料等。

**(6) 其他新能源材料** 我国风能资源较为丰富，但与世界先进国家相比，我国风能利用技术和发展差距较大，其中最主要的问题是尚不能制造大功率风电机组的复合材料叶片材料；电容器材料和热电转换材料一直是传统能源材料的研究范围。现在随着新材料技术的发展和新能源涵义的拓展，一些新的热电转换材料也可以当作新能源材料来研究。目前热电材料的研究主要集中在 (SbBi)$_3$(TeSe)$_2$ 合金、填充式 Skutterudites CoSb$_3$ 型合金（如 CeFe$_4$Sb$_{12}$）、Ⅳ族 Clathrates 体系（如 Sr$_4$Eu$_4$Ga$_{16}$Ge$_{30}$）以及 Half-Heusler 合金（如 TiNiSn$_{0.95}$Sb$_{0.05}$）；节能储能材料的技术发展也使得相关的关键材料研究迅速发展，一些新型的利用传统能源和新能源储能材料也成为了人们关注的对象。利用相变材料

（Phase Change Materials，PCM）的相变潜热来实现能量的储存和利用，提高能效和开发可再生能源，是近年来能源科学和材料科学领域中一个十分活跃的前沿研究方向；发展具有产业化前景的超导电缆技术是国家新材料领域超导材料与技术专项的重点课题之一。我国已成为世界上第 3 个将超导电缆投入电网运行的国家，超导电缆的技术已跻身于世界前列，将对我国的超导应用研究和能源工业的前景产生重要的影响。

调整能源布局，强化新能源的地位，对新能源材料也提出了新的需求。坚持经济、社会与生态环境的持续协调发展，促进可持续发展战略与科教兴国战略的紧密结合。同时，新能源材料的研究涉及多种学科，是一项系统工程，需要多专业协同攻关才有可能取得突破性成果。

# 参 考 文 献

[1] 赵昆，艾德生，高喆，邓长生，戴退明. 新能源材料基础与发展简述. 2007 年颗粒学会超微颗粒专业委员会第五届年会暨海峡两岸纳米颗粒学术研讨会. 2007 年 6 月 18-22 日，武汉. 143-148.

[2] 陈立泉. 中国新能源材料产业化现状. 新能源材料应用技术研究，2005 特集. 北京：新材料产业杂志社，2005.

[3] 王革华，艾德生. 新能源概论. 北京：化学工业出版社，2006.

[4] Kim Jin Suk, Yoon Woo Young. Improvement in lithium cycling efficiency by using lithium powder anode. Electrochimica Acta，2004，50（2-3）：529-532.

[5] Venkatasetty H V. Novel superacid-based lithium electrolytes for lithium ion and lithium polymer rechargeable batteries. Journal of Power Sources，2001，97：671-673.

[6] Ritchie A G. Recent developments and likely advances in lithium rechargeable batteries. Journal of Power Sources，2004，（136）：285-289.

[7] Sarkar Arindam, Banerjee Rangan. Net energy analysis of hydrogen storage options. International Journal of Hydrogen Energy，2005，（30）：867-877.

[8] Ersoz Atilla, Olgun Hayati, Ozdogan Sibel. Reforming options for hydrogen production from fossil fuels for PEM fuel cells. Journal of Power Sources，2006，（154）：67-73.

[9] Cui Haiting, Hou Xinbin, Yuan Xiugan. Energy analysis of space solar dynamic heat receivers. Solar Energy，2003，（74）：303-308.

[10] Ait Hammou Zouhair, Lacroix Marcel. A new PCM storage system for managing simultaneously solar and electric energy. Energy & Buildings，2006，（8）：258-265.

#  新型储能材料

## 2.1 储能、储能技术与应用

储能又称蓄能，是指使能量转化为在自然条件下比较稳定的存在形态的过程。它包括自然的和人为的两类：自然的储能，如植物通过光合作用，把太阳辐射能转化为化学能储存起来；人为的储能，如旋紧机械钟表的发条，把机械功转化为势能储存起来。按照储存状态下能量的形态，可分为机械储能、化学储能、电磁储能（或蓄电）、风能储存、水能储存等。和热有关的能量储存，不管是把传递的热量储存起来，还是以物体内部能量的方式储存能量，都称为蓄热。在能源的开发、转换、运输和利用过程中，能量的供应和需求之间，往往存在着数量上、形态上和时间上的差异。为了弥补这些差异、有效地利用能源，常采取储存和释放能量的人为过程或技术手段，称为储能技术。储能技术有如下广泛的用途：①防止能量品质的自动恶化；②改善能源转换过程的性能；③方便经济地使用能量；④降低污染、保护环境。储能技术是合理、高效、清洁利用能源的重要手段，已广泛用于工农业生产、交通运输、航空航天乃至日常生活。储能技术中应用最广的是电能储存、太阳能储存和余热的储存。表 2-1 列举了能源类型、使用形式和储能的关系。在实际应用中涉及的储能问题主要是机械能、电能和热能的储存。

储能系统本身并不节约能源，它的引入主要在于能够提高能源利用体系的效率，促进新能源如太阳能和风能的发展。能量的形态类别及其储存和输送方法见表 2-2 所列。

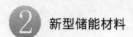 

表 2-1 能源类型、使用形式和储能的关系

| 能源类型 | 转换方式 | 能源的使用形式 | 转换方式 | 储能 |
|---|---|---|---|---|
| 传统化石能源 | | 电力 | | 电池 |
| 核能 | | 热能 | | 飞轮 |
| 可再生能源 | 直接产生 → | 冷能 | ← 储存和回收 → | 可逆燃料电池 |
| （如生物质能、风 | | 动能 | | 压缩空气 |
| 能、太阳能和水能） | | 交通 | | 热能 |
| | | 压缩气体 | | 扬水 |

表 2-2 能量的形态类别及其储存和输送方法

| 能量的形态 | 储存法 | | 输送法 |
|---|---|---|---|
| 机械能 | 动能 | 飞轮 | 高压管道 |
| | 位能 | 扬水 | |
| | 弹性能 | 弹簧 | |
| | 压力能 | 压缩空气 | |
| 热能 | 显热 | 显热储热 | 热介质输送管道热管 |
| | 潜热（熔化、蒸发） | 潜热 | |
| 化学能 | 电化学能 | | 化学热管、管道、 |
| | 化学能、物理化学能 | | 罐车、汽车等 |
| | （溶液、稀释、混合、 | | |
| | 吸收等） | | |
| 电能 | 电能 | | 输电线微波输电 |
| | 磁能 | 电容器 | |
| | | 超导线圈 | |
| | 电磁波（微波） | | |
| 辐射能 | 太阳光，激光束 | | 光纤维 |
| 原子能 | | 铀、钚等 | |

在对储能过程进行分析时，为了确定研究对象而划出的部分物体或空间范围，称为储能系统。它包括能量和物质的输入和输出设备、能量的转换和储存设备。储能系统往往涉及多种能量、多种设备、多种物

质、多个过程，是随时间变化的复杂能量系统，需要多项指标来描述它的性能。常用的评价指标有储能密度、储能功率、蓄能效率以及储能价格、对环境的影响等。储能技术将在能源系统、可再生能源（单个或集成）技术及输送中发挥作用，同时也面临新的技术挑战。

## 2.2 储热技术基础

热能虽然是一种低质量的能源，但从它在所利用的全部能源中占 60% 这一点来看，储热的意义是很重大的。假设在低温 $T_1$ 下为 $\alpha$ 相的单位质量的储能物质经加热到高温 $T_2$ 时变成 $\beta$ 相。如设 $c_\alpha$、$c_\beta$ 分别为 $\alpha$、$\beta$ 相的比热容，$H_t$ 为相变潜热，$T_f$ 为相变的温度，$T$ 为温度，则相变过程中储存起来的热能 $Q$ 可由下列公式求得：

$$Q = f_{T_2}^{T_1} c_\alpha \mathrm{d}T + H_t + f_{T_1}^{T_2} c_\beta \mathrm{d}T$$

因此，质量为 $m$ 的物质，其储能量则为 $Q$ 的 $m$ 倍。作为一个理想的储能材料，它应具有下列特性：①价格便宜；②储能密度大；③资源丰富，可以大量获得；④无毒，危险性小；⑤腐蚀性小；⑥化学性能稳定。

如果温度 $T_2 > T_1$ 时，设 $T_1$ 为基准温度（常温），则为储热；如设 $T_2$ 为基准温度，则为储冷。另外，和 $H_t$ 无关的储热，特称为显热储热。除此以外的，称为潜热储热。采用水和碎石储热材料的太阳能房屋是显热利用系统的一个具体例子（图 2-1）。而所谓潜热一般是在物质相变时才有，例如冰融化时的熔解热等。其优点是：利用蓄热材料发生相变而储热；储能密度高，装置体积小，热损失小；过程等温或近似等温，易与运行系统匹配。这种相变一般有以下 4 种情况：①固体物质的晶体结构发生变化。例如六方晶格的锆，在 871℃ 的温度下，晶格变成体心立方，此时相当于吸收了 53kJ/kg 的热量；②固、液相间的相变；

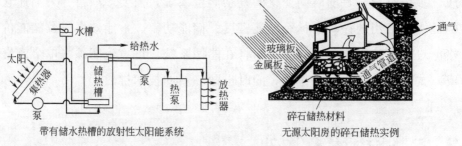

图 2-1　水和碎石储热材料的太阳能房屋示意

③液、气相的相变即气化、冷凝，相当于所述蒸汽储热器等场合的水的蒸发和蒸汽的冷凝；④固相直接变成气相即升华。

# 2.3　相变储能材料基础

相变储能材料储能的本质体现在不同相时其具有的焓是不同的。热力学中相变热是相变过程中末态与初态的焓差 $\Delta H$，称为相变焓，可以表示为：

$$\Delta H'_{\mathrm{m}} \approx \Delta H_{\mathrm{m}} + \int_{T'}^{T} c p，p(\alpha)\mathrm{d}T - \int_{T'}^{T} c p，p(\beta)\mathrm{d}T$$

为了描述相变材料的相变特性，必须借助于相图，即材料的相与温度、压力及组分的关系图。热力学第二定律是研究系统平衡条件的基本依据。吉布斯相律在相图分析中是储能材料基本满足的最基本规律，可以根据相图分析得出一些储能材料的储热原理。相变材料的相变过程就是一个结晶和熔化过程。结晶分以下几步完成：①诱发阶段；②晶体生长阶段；③晶体再生阶段。

储能材料的种类很多，分为无机类、有机类、混合类等，对于它们在实际中的应用有下列的一些要求：①合适的相变温度；②较大的相变潜热；③合适的导热性能；④在相变过程中不应发生熔析现象；⑤必须在恒定的温度下熔化及固化，即必须是可逆相变，性能稳定；⑥无毒性；⑦与容器材料相容；⑧不易燃；⑨较快的结晶速度和晶体生长速度；⑩低蒸气压；⑪体积膨胀率较小；⑫密度较大；⑬原材料易购、价格便宜。其中①～③是热性能要求，④～⑨是化学性能要求，⑩～⑫是物理性能要求，⑬是经济性能要求。基于上述选择储能材料的原则，可结合具体储能过程和方式选择合适的材料，也可自行配制合适的储能材料。

材料的热物性及工作性能既是衡量其性能优劣的标尺，又是其应用系统设计及性能评估的依据。相变材料的热物性主要包括：热导率、比热容、膨胀系数、相变潜热、相变温度。测定相变温度、相变潜热的方法可分为 3 类：①一般卡计法；②差热分析法（differential thermal analysis，简称 DTA）；③差示扫描量热法（differential scanning calorimetry，简称 DSC）。

气体水合物、水和冰、结晶水合盐、很多高分子材料等都是相变储能材料，其相变储能机理略有区别，如结晶水合盐 $AB \cdot mH_2O$ 的相变机理是：

$$AB \cdot mH_2O \underset{\text{冷却}(T \ll T_m)}{\overset{\text{加热}(T \gg T_m)}{\rightleftharpoons}} AB \cdot mH_2O - Q$$

$$AB \cdot mH_2O \underset{\text{冷却}(T \ll T_m)}{\overset{\text{加热}(T \gg T_m)}{\rightleftharpoons}} AB \cdot pH_2O + (m-p)H_2O - Q$$

式中，$T_m$ 为熔点；$Q$ 为熔解热。

结晶水合盐相变时通常有两个问题。其一为过冷，不同结晶水合盐在不同条件下过冷度不同，有时为几度，有时为几十度，这给实际应用往往带来不良的、有时甚至是致命的影响。另一缺点就是它的析出现象，即在高温下结晶水会析出为单独相，影响了整个材料的力学稳定性和物理热性能。而高分子相变储能材料如石蜡、酯酸类，具有以下优点：无过冷及析出现象、性能稳定、无毒、无腐蚀性、价格便宜。缺点是热导率低、密度小、单位体积储热能力差。

根据相变材料的化学组分，可分成有机和无机两大类，根据相变过程的形态不同，又可分成固气、液气、固液、固固 4 种相变形态。由于固气和液气相变的体积变化太大，使用时要有很多的装置，尽管潜热很大，但还是限制了它们的用途。而固固相变其潜能储存不高，可合用的体系也较少。只有固液相变时，其相变时体积变化较小、储存潜热高和相变温度恒定。在通常可用的固液相变材料中，很大一部分是水合盐，这些晶体在加热熔融时，放出它们的结晶水，无水的盐同时就溶解在放出的水中，形成溶液，当这个溶液固化时就会放出潜热。根据温度的高低，相变材料又可分成高温、常温和低温，高温材料通常在 200～1000℃范围，主要是一些无机盐类。而人们通常感兴趣的是在 20～120℃范围内的相变材料。我们整理了分类方法，提出了图 2-2 所示的分类系统。

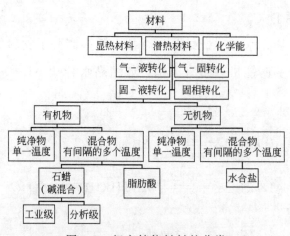

图 2-2　相变储能材料的分类

　　相变材料在工业及一些新能源技术中得到了积极的应用，如：①在工业加热过程的余热利用，其中储热换热器在工业集热中是比较关键的材料；②在特种仪器、仪表中的应用，如航空、卫星、航海等特殊设备；③作为家庭、公共场所等取暖和建筑材料用，如利用太阳能让相变材料吸收屋顶太阳热收集器所得的能量，使得相变材料液化并通过盘管送到地板上储存起来，供无太阳时释放，达到取暖目的。美国管道系统公司应用 $CaCl_2 \cdot 6H_2O$ 作为相变材料制成储热管，用来储存太阳能和回收工业中的余热。

# 2.4 新型相变储能材料制备基础及应用的研究进展

## 2.4.1 复合PCM

对于储热材料来说，相变储能材料有着更多的优势。目前在很多发达国家的建筑中都或多或少地使用了各种相变储能材料用来节约能源的使用，而我国在这方面还是有着一定的差距，所以研发优秀的相变储能材料，特别是建筑用相变储能材料，对我国能源问题的改观以及社会的可持续发展，都将提供良好的支持。

近年来，复合相变储热材料应运而生，它既能有效克服单一的无机物或有机物相变储热材料存在的传热性能差以及不稳定的缺点，又可以改善相变材料的应用效果以及拓展其应用范围。因此，研制复合相变储热材料已成为储热材料领域的热点研究课题。复合相变储热材料的制备方法主要有：①胶囊化技术；②利用毛细管作用将相变材料吸附到多孔基质中；③与高分子材料复合制备PCM；④无机/有机纳米复合PCM的湿化学法。

## 2.4.2 简单的复合PCM相变储能模型

在热存储模型中，温度的变化以及热存储时间是由存储材料的几何外形、存储介质、热流和相变材料的性能决定的。如果上面的两个参数能够确定，则材料的热性能和热效率就会被明确计算出来。

首先我们假设一个模型有如下的前提条件：

① 相变材料是没有内部温度梯度的；

② 所有的能量都被相变材料吸收并且保持着相变材料内部的无温

度梯度状态；

③ 热流保持恒定的功率，而相变材料对热流的吸收在任何温度都是常数；

④ 在相变过程中，热存储材料的温度是常数；

⑤ 从热存储材料损失到周围环境中的能量可以忽略不计。

在储能过程中，材料的储热效率依赖于热量从热流传导到相变材料的效率：

$$-mc_p\frac{\mathrm{d}T}{\mathrm{d}t}=hA_{\mathrm{S}}(T-T_f)$$

该公式的初始条件为：

$$t=0\longrightarrow T=T_i$$

将初始条件代入公式，可以得到热量的存储时间：

$$t=\frac{mc_p}{hA_{\mathrm{S}}}\ln\frac{T_i-T_f}{T-T_f}$$

于是，对于整个体系的平均热容可被定义为：

$$c_{p,\mathrm{av}}=\frac{m_{\mathrm{PCM}}(c_{pl}|T_i-T_{\mathrm{m}}|+c_{ps}|T_{\mathrm{m}}-T_f|+L)+m_{\mathrm{C}}c_{pc}|T_i-T_f|}{m_{\mathrm{t}}|T_i-T_f|}$$

式中，$L$ 是熔化/凝固潜热。

将热量存储公式扩大应用范围到整个储热材料：

$$t=\frac{m_{\mathrm{t}}c_{p,\mathrm{av}}}{hA_{\mathrm{S}}}\ln\frac{T_i-T_f}{T-T_f}$$

于是，我们就可以得到一个关于整个储热材料的热存储时间公式了。

但是我们需要注意到，上述公式的建立都是在理想化的平均热容的基础上，可事实并不是这样的。因此，我们需要添加一个修正系数，这个系数，定义为两个数值的比：理想化的平均热容和平均显热热容。在完全的吸热/放热过程中，需要的热量是最大的。如果所有的显热可以看作是液固两相的显热之和，那么，这个修正系数可以用 $Q_m/Q_d$ 来表示，于是，我们得到下面的公式：

$$t' = \frac{Q_m}{Q_d}\left[\frac{m_t c_p}{hA_s}\ln\frac{T_i-T_f}{T-T_f}\right]$$

对于修正系数，在不同的条件下也有着不同的适用公式。

① 当相变储能材料处于制冷放热时，该系数可用下式计算：

$$\frac{Q_m}{Q_d} = \frac{m_{PCM}(c_l|T_i-T_m|+L)+m_c c_c|T_i-T_m|}{m_{PCM}(c_l|T_i-T_m|+c_s|T_m-T_f|)}$$

② 当相变储能材料处于熔化过程中时，该系数可用下式计算：

$$\frac{Q_m}{Q_d} = \frac{m_{PCM}(c_l|T_m-T_i|+L)+m_c c_c|T_m-T_i|}{m_{PCM}(c_s|T_m-T_i|+c_l|T_f-T_m|)}$$

③ 当外界温度低于相变储能材料的温度，并且材料处于放热凝固的过程中时，该系数可被写为：

$$\frac{Q_m}{Q_d} = \frac{m_{PCM}(c_l|T_i-T_e|+c_s|T_e-T_f|+L)+m_m c_m|T_i-T_f|}{m_{PCM}(c_l|T_i-T_e|+c_s|T_e-T_f|)}$$

④ 当外界温度高于相变储能材料的温度，并且材料处于吸热熔化的过程中，修正系数的计算由下式给出：

$$\frac{Q_m}{Q_d} = \frac{m_{PCM}(c_s|T_m-T_i|+c_l|T_f-T_m|+L)+m_c c_c|T_f-T_i|}{m_{PCM}(c_s|T_m-T_i|+c_l|T_f-T_m|)}$$

对于相变储能材料的模型不仅仅限于此，还有更多复杂的、更关注细节的和应用于各种专门领域的模型也陆续被提出。

## 2.4.3　使用硬脂酸系作为相变材料制备储能材料

使用硬脂酸作为相变材料，其参数相当理想，首先其相变温度接近于日常的温度；其次硬脂酸的相变焓大，也就是说硬脂酸的储热能力非常好。另外，硬脂酸的市场价格也是相当低廉的，这让我们对于硬脂酸的大规模应用有着非常积极的期待。尽管也有很多其他脂酸系的材料被研究过，但基于成本和性能等的综合考虑，硬脂酸仍然必将是最佳的相变材料之一。

由于硬脂酸本身强度低、易燃并且热导率低，所以硬脂酸不能单独被使用来制备储能材料。于是把硬脂酸作为相变储能材料附着在其他材料上的技术就应运而生。为了克服硬脂酸的上述问题，一般选取的基体材料为二氧化硅和二氧化锆。由于二氧化硅的空隙率高，并且硅酸四丁酯成本低，易于进行溶胶凝胶控制，所以有不少科研工作者都在研究使用溶胶凝胶法制备二氧化硅-硬脂酸相变储能复合材料。该方法制备的样品有以下两个优点。

① 保持硬脂酸较高的相变焓。有人报道了氧化硅-硬脂酸复合材料的相变焓可达 90J/g 左右。

② 二氧化硅颗粒容易细化，容易被表面改性，并且与硬脂酸兼容性良好，不会影响硬脂酸本身的物理化学性质。

使用溶胶-凝胶法制备氧化硅-硬脂酸相变储能复合材料已经取得了不小的成就，但是使用溶胶-凝胶法制备的氧化硅中含有大量的结构水，而且由于硬脂酸的存在，无法对氧化硅进行焙烧以排出结构水。这样就造成了一定的安全隐患——当温度稍高或者在比较高的温度下时间过长的时候，氧化硅会逐渐失去结构水，从而造成整个材料的坍塌。面对这样的问题，即使将氧化硅压制成为块体等其他形貌的材料也是无济于事。另外，由于实验采用的是溶胶-凝胶法，该方法只适合小规模的高精度生产，却始终无法解决大规模化生产的需要。

$ZrO_2$ 系材料在特殊工作环境中的性质及用途，制备 $ZrO_2$-硬脂酸系纳米复合相变储能材料可以为纳米 $ZrO_2$ 粉体的应用找到一条新的途径。同时，纳米 $ZrO_2$ 纳米颗粒表面容易被改性，理论上能够吸附足够硬脂酸，并且可以提高整个热量在硬脂酸中的传导效率。

## 2.4.4 氧化锆-硬脂酸系纳米复合相变储能材料的研究

**(1) 材料的制备** 为了适合将来的大规模生产需要，通过煅烧制备出纳米无机 $ZrO_2$，将纳米颗粒进行表面处理后，通过 3 种方式制备 $ZrO_2$-硬脂酸系纳米复合相变储能材料，一是在水浴方式下将熔融的硬脂酸加入到无机盐中，二是在乳浊液状态下搅拌促使无机纳米颗粒对硬脂酸进行吸附，三是在喷雾状态下混合有机无机颗粒。然后可以采用静压制备块体材料，封装成能应用的相变储能材料模型，分析测试其可能的储能性质。实验采用直接混合法制备氧化锆-硬脂酸系相变储能材料。为使氧化锆尽量吸附多的硬脂酸，实验对部分氧化锆采用了预处理工艺。预处理工艺的方法为：向氧化锆中加入少量硬脂酸，并在四氯化碳、无水乙醇和氯仿的混合溶液中以 50℃ 恒温加热并搅拌 3h。由于硬脂酸在 80℃ 以上会熔化并挥发，所以所有样品均为自然干燥。且样品中硬脂酸的加入含量皆为 23.08%。

**(2) DTA 的热容因子（HCF）模型** 为了能够更直观地表现所制备的复合材料的热性能，需要将 DTA 的过程理想化为模型。首先，由于进行分析的材料质量非常小（几十毫克），与整个热天平的环境相比可以被忽略不计；其次，实验过程中热天平的环境温度为线性上升，所以假设环境的升温速率不受样品影响，保持恒定的升温速度。另外，为了保证热天平环境的恒定，假设该环境为封闭环境，即不与外界产生物质和能量的交换。由于环境的升温速率恒定，并且复合材料对环境的影响忽略不计，则可假设测试仪器对热天平环境以恒定功率 $P$ 进行加热。由于环境未与外界进行物质和能量交换，所以热天平环境在每个测试周期中吸收的热量是一定的，于是可知复合材料所吸收的热量也是一个定值。仪器的测试工作周期为 4s，在 4s 环境温度变化为 1/3℃，对于整个过程来说是个非常小的温度变化。所以可以在此近似地把 4s 内复合材料的温度变化看作为线性，于是有：

$$\frac{\mathrm{d}T}{\mathrm{d}t} \approx \frac{T_n - T_{n-1}}{4\mathrm{s}}$$

复合材料的成分比较复杂，除 $ZrO_2$ 和硬脂酸外还可能掺杂有微量的水、乙醇、氯仿等成分，所以复合材料的热容是温度的函数 $c(T)$，而复合材料的质量也为温度的函数 $m(T)$，但是在实验过程中材料的质量是可以测得的，所以对这个系统来说，不可测的未知数为仪器的加热功率和复合材料的实施热容（或者热容函数）。

因为已经假设材料在 4s 内的吸热是恒定的，所以有：

$$Q = P\Delta t = (4\mathrm{s})P$$

且有：

$$Q = c(T)m\Delta T$$

将上述两式联立：

$$c(T)m\Delta T = P\Delta t$$

于是可得：

$$c(T) = \frac{P\Delta t}{m\Delta T} = P \cdot \frac{1}{m \cdot \frac{\Delta T}{\Delta t}} = P \cdot \frac{1}{m \cdot \frac{\mathrm{d}T}{\mathrm{d}t}}$$

令

$$\mathrm{HCF} = \frac{1}{m \cdot \frac{\mathrm{d}T}{\mathrm{d}t}}$$

由于 $P$ 为一定值，所以可知 $C(T)$ 是与 HCF 成正比的：$c(T) \propto \mathrm{HCF}$。

所以，使用因子 HCF 即可表征复合材料热容的变化规律，这里我们把这个因子称为热容因子。由于热容因子与材料的热容成正比，所以热容因子的变化趋势代表了材料热容的变化趋势，并且对于相同环境下测试的样品，热容因子之间的大小比较及倍比关系等价于热容之间的大小比较及倍比关系。

由于复合材料的质量也在不断的变化中，为了减小向后差分时的误差，在热容因子中，取

$$m=\frac{m_n+m_{n-1}}{2}$$

**(3) 氧化锆-硬脂酸系纳米复合 PCM 储能性能** 在制备过程中使用不同的分散剂，对复合材料微观的表面形貌都有着相当大的影响，同时对于复合材料热性能的影响相对较小（表 2-3）。

表 **2-3** 氧化锆-硬脂酸系相变储能材料样品编号及制备方法

| 样品编号 | 对应工艺 |
|---|---|
| 070126A | 预处理过的氧化锆与硬脂酸在球磨机中混合，分散剂为氯仿与无水乙醇的混合溶液 |
| 070126B | 预处理过的氧化锆与硬脂酸在球磨机中混合，分散剂为氯仿与无水乙醇的混合溶液，加入足量氨水 |
| 070131A | 氧化锆与硬脂酸在球磨机中混合，分散剂为氯仿与无水乙醇的混合溶液 |
| 070131B | 氧化锆与硬脂酸在球磨机中混合，分散剂为氯仿与无水乙醇的混合溶液，加入足量氨水 |
| P-1 | 纯$ZrO_2 \cdot 8Y_2O_3$粉体 |
| P-5 | 纯硬脂酸 |

对氧化锆进行表面改性，对材料的热性能和微观结构也有一定的影响；对于 3 种溶剂/分散剂，四氯化碳和乙醇对材料热性能和形貌的影响差距不大，但是四氯化碳比无水乙醇更容易引起热容曲线的扰动。氯仿作为分散剂，更容易制备颗粒呈球形且分散均匀的复合材料，并且可以为材料的热容曲线增加很高的背底；足量氨水的加入，可以促使硬脂酸反应生成硬脂酸铵，这对于材料的防水性有一定的作用。并且硬脂酸铵的比热容高，可以提高材料的显热性能，但是硬脂酸铵的潜热性能比硬脂酸差；对氧化锆表面改性，有助于氧化锆吸附硬脂酸。但是对于加

入氨水的样品，吸附硬脂酸反而衰减了氨水与硬脂酸的反应，造成材料的相变温度发生变化，使相变储热能力变差。由于以上种种因素，使用氯仿作为分散剂，将氧化锆与硬脂酸直接高能球磨混合的样品有着最佳的热性能和微观表面结构。因此，这里就以氯仿作为分散剂制备的PCM 做一说明。

**（4）使用氯仿做分散剂制备复合 PCM 的研究**　从相变温度来看，氯仿的加入也没有影响硬脂酸/硬脂酸铵的存在形态。但是使用氯仿的样品则在热容因子的曲线上表现出了与其他样品不同的特性。

使用氯仿的两个样品，相变峰更加尖锐，或者说，相变峰相对于背底的高度更加突出并且峰宽变窄，未加入氨水样品的热容比加入氨水样品的热容高接近 3 倍。同时，070131A 是所有样品中热容因子最高的样品，甚至比 P-5 都要高 1.0 以上（特别是背底，图 2-3）。更令人惊讶的是，070131A 的相变峰宽（图 2-4）比 P-5 还要窄。070131B 的热容因子变化曲线如图 2-5 所示。

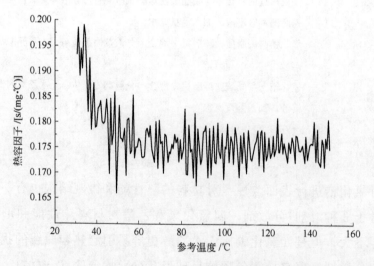

图 2-3　纯 $ZrO_2 \cdot 8Y_2O_3$ 样品的热容因子曲线

070131B（图 2-6）与 070131A（图 2-7）的 SEM 照片上可以看出070131B 的微观表面结构非常奇特。

在 070131A 中，硬脂酸与氧化锆团聚成球形，并且球与球之间相

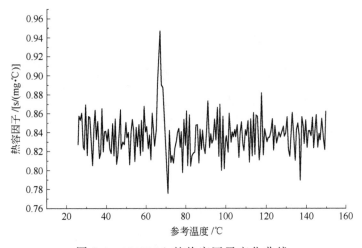

图 2-4 070131A 的热容因子变化曲线

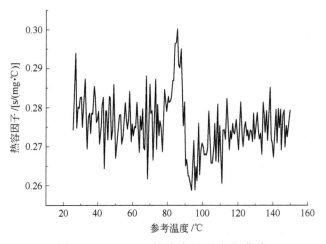

图 2-5 070131B 的热容因子变化曲线

互黏结，呈虫卵状。对于这个比较特殊的结构以及该结构产生的高热容因子效应，值得日后探讨。

在使用氯仿作为分散剂的样品中，总是不使用氨水的样品比使用氨水的样品热容因子更高。尽管 070126A 的热容因子曲线（图 2-8）与 070126B 热容因子曲线（图 2-9）有所差别，但是我们对比以其他分散剂制备的 PCM 样品（热容因子曲线图略）可知在对氧化锆进行表面处理后，硬脂酸及其他对热容因子影响比较大的杂质的配比都比较稳定。

图 2-6　070131B 的 SEM 照片

图 2-7　070131A 的 SEM 照片

在 070126B（图 2-9）中，硬脂酸的峰高非常小，基本淹没在有着强烈扰动的背底之中。这个现象表明 070126B 中的硬脂酸基本也都反应成为硬脂酸铵。

对比 070131A 与 070126A 的微观照片（图 2-10），发现两个样品的基本微观结构非常相似，都是呈虫卵型。不同的是 070126A 中的每个

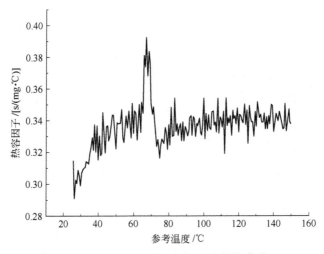

图 2-8　070126A 的热容因子变化曲线

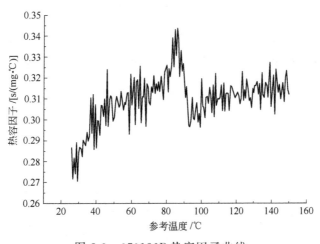

图 2-9　070126B 热容因子曲线

球形颗粒要比 070131A 中的颗粒直径大（2～3 倍），并且整个样品的更为均匀，但是同时孔隙更多。这可能说明，大范围大颗粒的虫卵状结构，是使用氯仿作为添加剂的一个结构特征。产生这样的现象，与氯仿既可以作为硬脂酸的溶剂、自身又有着偶极矩有关。由于硬脂酸易溶于氯仿，而同时硬脂酸与氯仿都具有偶极矩，所以在氯仿中，硬脂酸在小范围内容易发生定向排列，这样的排列容易形成类似吸附层的结构，从而在最终氯仿析出时形成球形结构。这样结构有着很广阔的前景：若可

图 2-10　070126A 的 SEM 照片

以把氧化锆固定在氯仿-硬脂酸吸附层的表面，在氯仿挥发之后，会形成胶囊化的储能材料，从而可以在很大程度上避免由于硬脂酸在相变后处于液态而导致整个材料的强度降低甚至坍塌。

　　由于氯仿未能使氧化锆有足够的吸附力吸附硬脂酸，所以 070126B 的 SEM 照片（图 2-11）是大块板状形貌。

图 2-11　070126B 的 SEM 照片

当然应该看到，由于氧化锆的成本比较高，以后大规模应用到建筑等方面有很大的阻碍，探索廉价的无机材料代替氧化锆成为了新的研究方向。作为选择，我们正在开展以超细硅藻土代替纳米氧化锆来制备PCM 的工作。

# 参 考 文 献

[1] 樊栓狮，梁德青，杨向阳等编著. 储能材料与技术. 北京：化学工业出版社，2004.10.

[2] 高喆，艾德生，赵昆，邓长生，戴遐明. $ZrO_2$-硬脂酸系纳米复合相变储能材料的可行性研究. 中国粉体技术，2007，13（3）：32-35.

[3] 高喆，艾德生，赵昆等. 球磨法制备氧化锆-硬脂酸系相变储能材料的研究. 武汉理工大学学报，2007，29（175）：83-85.

[4] 艾德生，戴遐明，李庆丰. 纳米 $ZrO_2$ 粉的表面电性研究. 中国粉体技术，2001，7，4：34-37.

[5] 林怡辉，张正国，王世平. 硬脂酸-二氧化硅复合相变材料的制备. 广州化工，2002，30：18-21.

[6] 高喆. 氧化锆-硬脂酸系纳米复合相变储能材料的制备研究［硕士学位论文］. 北京：清华大学，2006.

[7] Gao Zhe，Ai Desheng，Zhao Kun，Deng Changsheng. Study on synthesis of $Zr(OH)_4$-stearic acid composite phase change energy storage materials. Int. Nano-science Conference，China Beijing，2007. June4-6，Paper No. 1-337.

[8] Farid M M，Kong W J. Underfloor heating with latent heat storage. Proceedings of the Institution of Mechanical Engineers-Part A，2001，215，5：601-609.

[9] Belen Zalba，Jose M-Marin，Liusa F Cabeza，Harald Mehling. Review on thermal energy storage with phase change：materials，heat transfer analysis and applications. Applied Thermal Engineering，2003，23，251-283.

[10] Rene M Rossi，Walter P Bolli. Phase change materials for improvement of heat protection. Advanced Engineering Materials，2005，7，5，368-373.

[11] Khudhair A M，Farid M M. Energy Conversion and Management. 2004，45：263-275.

[12] Pyer X，Olives S，Mauran S. Paraffin/porous-graphite-matrix composite as a high and constant power thermal storage material. Int J Heat Mass Transfer，2001，44：2727-2737.

[13] Dincer I，Rosen M A. Thermal energy storage，Systems and Applications，John Wiley & Sons，Chichester（England），2002.

[14] Numan Yuksel，Atakan Avici，Muhsin Kilic. A model for latent heat energy storage

systems. International Journal of Energy Research, 2006, 30: 1146-1157.

[15] Latif M Jiji, Salif Gaye. Analysis of solidificatio and melting of PCM with energy generation. Applied Thermal Engineering, 2006, 26: 568-575.

[16] Basak T. Analysis of resonances during microwave thawing of slabs. Int J Heat Mass Transfer, 2003, 46: 4279-4301.

[17] Aytunc Erk, Mehmet Akif Ezan. Experimental and numerical study on charging processes of an ice-on-coil thermal energy storage system. Int J Energy Res, 2007, 31: 158-176.

[18] Sedat Keles, Kamil Kaygusuz, Ahmet Sari. Lauric and myristic acids eutectic mixture as phase change material for low-temperature heating applications. Int J Energy Res, 2005, 29: 857-870.

[19] Sari A, Kaygusuz K. Some fatty acids used for latent heat storage: thermal stability and corrosion of matels with respect to thermal cycling. Renewable Energy, 2003, 28: 939-948.

# ③ 锂离子电池材料

## 3.1 锂离子电池材料基础与应用

20 世纪 70 年代出现了以锂为负极的各种高比能量锂一次电池并得到了广泛应用。20 世纪 80 年代出现了锂离子二次电池，它是以金属锂为负极，$MnO_2$、$MnS_2$ 等为正极，$LiClO_4$ 的有机溶液为电解层。这类电池具有能量密度高的特点，但它存在安全性差和充放电寿命短的问题。20 世纪 90 年代初日本索尼公司首先推出了锂离子电池，它以锂在碳材料中的嵌入、脱嵌反应代替了金属锂的溶解、沉积反应，避免了电极表层上形成枝晶的问题，从而使锂离子电池的安全性和循环寿命远远高于锂蓄电池，实现了锂离子电池的商业化生产。

锂离子一次电池有以下几点特征：①高体积能量密度和高重量能量密度；②高电压，有 1.5V 级电池，大部分是 3V 级；③自放电少；④使用温度范围宽。为解决以上这些问题，研究人员开发了锂离子二次电池，通过使用能吸附锂的物质作为负极，解决了树枝状结晶生成的问题。对于锂离子二次电池的正极材料，钴酸锂（$LiCoO_2$）、镍酸锂（$LiNiO_2$）、尖晶石型锰/锂复合氧化物（$LiMn_2O_4$）等都比较适合，目前商用锂离子二次电池的正极材料大都使用 $LiCoO_2$；在 1 个钴原子和 2 个氧原子形成的层间里插入锂，充电时锂从层间脱出向负极方向移动，放电时则反过来从负极返回到正极层间。负极材料使用石墨等碳材料。碳材料也是具有层间结构的物质，不同的碳材料层间结构有不同程度的差别。充电时锂插入层间结构中，放电时锂从层间结构中脱出。插入碳材料中锂的存在形态，被 NMR 分析确认为锂离子。为了区别使用金属锂的电池，称这种电池为锂离子二次电池。图 3-1 为原理图。正极一般使用铝箔涂活性物质的材料，负极一般使用铜箔涂活性物质的材料。由于电池电压高达 4.1～4.2V，水溶液不能作为电解液使用，因而使用有机溶剂作为电解质的溶解物。

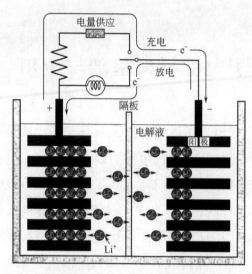

图 3-1　锂离子二次电池原理

锂离子电池是目前世界上最为理想的、也是技术最高的可充电化学电池。锂离子电池可分为液态锂离子电池（LIB）和聚合物锂离子电池（LIP）两种。由于锂离子电池工作电压高，重量和体积比能量大，循环寿命长，无记忆效应以及与环境友好等特点，已广泛用于手提电话、便携计算机、PDA、摄像机、数码相机、电动自行车、卫星、导弹、鱼雷等领域。与现有其他二次电池不同，锂离子二次电池的充放电反应只是锂离子在正负极之间单纯移动的局部化学反应。由于充放电反应不伴随正极、负极和电解液之间的化学反应，因而长期稳定。其特点如下：①能量密度高，硬碳材料为负极的锂离子二次电池的能量密度为 $300W \cdot h/dm^3$、$125W \cdot h/kg$，比其他二次电池高，这是作为电动汽车（EV）电源电池使用时减少电池的重量或大小所必须的；②循环特性好，用硬碳材料类型的电池时达到了 1200 次（4.2V 充电，0.2C 放电）；③自放电每月在 10% 以下，不到镍镉和镍氢二次电池的 1/2；

④使用温度范围广，覆盖－20～45℃的范围；⑤因为不使用金属锂，所以安全性高；⑥没有镍镉和镍氢二次电池那样的"存储效果（或记忆效应）"。但锂离子二次电池也有它的缺点：①因为使用有机电解液，电池内部阻抗比水溶液系电池高，负荷特性差；②如果不限制充电电压进行充电时，电压将持续上升，因此，当充电器出现故障时，有可能在规定电压以上继续充电，电池自身加上了种种的过充电防护，但是，为了确保安全，有必要附加过充电控制电路；③通过过充放电，电压到达0V附近后，作为负极的集电体的铜箔开始发生熔析，电池性能显著恶化。因此，过放电控制电路也是必要的。

锂离子二次电池今后要取得更大的进展，必须注意如下事项：①降低材料开发成本，特别是有必要降低正极材料钴酸锂、隔膜、电解液、负极碳材料等的成本，目前正在进行用镍（$LiNiO_2$）和锰（$LiMn_2O_4$）作正极活性材料的种种尝试；②在重量能量密度方面，锂离子二次电池保持着优势，但镍氢二次电池的体积能量密度正得到改良，为了提高锂离子二次电池容量，硬碳材料负极蕴含着很大的可能性，很有希望得到发展；③目前的锂离子二次电池，还需要通过材料开发等提高电池自身的可靠性和安全性，并简化电路；④加强原材料的研发；⑤注意新型电解质的开发。主要有3个途径：寻找合适的溶剂，改变电解质的成分和组成以提高电解质的电导率和改善电解质与碳负极的界面稳定性质；合成新的导电锂盐；制备添加剂以改善膜的性能或增大原有导电锂盐的电导率。

锂离子电池的技术发展趋势是：①由液态锂离子电池（聚合物凝胶电解液）向固态锂离子电池发展；②在锂钴氧化物、锂镍氧化物、锂锰氧化物这3种现有的锂离子电池中，锂锰氧化物是研究的热点，关键问题是解决循环性能差和高温容量衰减，锂镍氧化物也是关注的焦点，通过掺钴或其他元素可制出容量和循环性能好的材料，两者的前景均被看好；③非碳负极材料、金属锂或锂合金作负极材料的研发也很有前景；④由于移动电话向小型、轻便方向发展的需要，方形锂离子电池将取代圆柱形锂离子电池。

　　目前在全球锂离子电池产业中，日本、韩国和中国厂商占据主导地位。在 2000 年以前，世界的锂离子电池产业基本由日本人控制，日本的电池产量占到世界的 95% 以上；2000 年后，随着中国和韩国的迅速崛起，日本锂离子电池的全球市场份额持续下滑，世界锂离子电池产业中日韩三分天下的格局已经形成。世界各国目前都形成了锂离子电池及其关键材料的研究和开发热潮。

　　在锂离子电池正极材料方面，研究最多的是具有 $\alpha\text{-}NaFeO_2$ 型层状结构的 $LiCoO_2$、$LiNiO_2$ 和具有尖晶石结构的 $LiMn_2O_4$ 及它们的掺杂化合物。锂离子电池正极材料的发展趋势是通过各种方法对钴酸锂、镍酸锂、镍钴酸锂和锰酸锂进行掺杂改性，改变其晶体和电子结构，提高其各种性能。在锂离子电池负极材料方面，人们研究了各种类型的碳材料，包括石墨、碳纤维、石油焦和中间相沥青基碳微球（MCMB）等，目前很多国家均开展了纳米合金负极材料的相关研究工作，人们利用弥散或纳米技术等方法改善金属锂合金，显著提高了电池的循环性能，但尚未达到实用化程度。目前，负极材料的发展趋势是以提高容量为目标，通过各种方法将碳负极材料与各种高容量非碳负极材料复合以研究开发新型可实用化的高容量碳/非碳复合负极材料。

# 3.2　正极材料

　　多种锂嵌入化合物可以作为锂二次电池的正极材料。作为理想的正极材料，锂嵌入化合物应具有以下性能：①金属离子 $M^{n+}$ 在嵌入化合物 $Li_xM_yX_z$ 中应有较高的氧化还原电位，从而使电池的输出电压高；②嵌入化合物 $Li_xM_yX_z$ 应能允许大量的锂能进行可逆嵌入和脱嵌，以得到高容量，即 $x$ 值尽可能大；③在整个可能嵌入/脱嵌过程中，锂的嵌入和脱嵌应可逆，主体结构没有或很少发生，且氧化还原电位随 $x$ 的变化应少，这样电池的电压不会发生显著变化；④嵌入化合物应有较好的电子电导率（$\sigma_{e^-}$）和离子电导率（$\sigma_{Li^+}$），这样可减少极化，能大电流充放电；⑤嵌入化合物在整个电压范围内应化学稳定性好，不与电解质等发生反应；⑥从实用角度而言，嵌入化合物应该便宜，对环境无污染、重量轻等。

## 3.2.1 正极材料的选择

正极氧化还原电对一般选用 3d$^n$ 过渡金属，一方面过渡金属存在混合价态，电子导电性比较理想，另一方面不易发生歧化反应。对于给定的负极而言，由于在氧化物中阳离子价态比在硫化物中更高，以过渡金属的氧化物为正极，得到的电池开路电压（VOC）比以硫化物为正极的要更高些。

以在水溶液电解质中 $\gamma$-MnO$_2$ 正极和在非水电解质中尖晶石 LiMn$_2$O$_4$ 正极为例，可以说明氧化物比硫化物的开路电压更高。在 MnO$_2$ 中锰能达到 +4 价，而在 MnS$_2$ 化合物中锰和硫分别为 +2 和 -1 价（$S_2^{2-}$）。硫化物 S$^{2-}$ 的最高价带 3p$^6$ 位于 Mn$^{4+}$/Mn$^{3+}$ 电对的价带之上，亦位于电解质最高已占分子轨道的价带之上。氧化物 O$^{2-}$ 的最高价带 2p$^6$ 则比上述两者的价带均低，因此能以氧化物形式将 Mn$^{4+}$/Mn$^{3+}$ 氧化还原电对的价带置于电解质的最高已占分子轨道的价带之上。而以硫化物的形式，则不能做到这一点。

作为锂二次正极材料的氧化物，常见的有氧化钴锂（lithium cobalt oxide）、氧化镍锂（lithium nickel oxide）、氧化锰锂（lithium mangense oxide）和钒的氧化物（vanadium oxide）。其他正极材料如铁的氧化物和其他金属的氧化物等亦作为正极材料进行了研究。最近人们对 5V 正极材料以及多阴离子正极材料表现出了浓厚的兴趣。下面对这些材料进行举例说明。

## 3.2.2 氧化钴锂

常用的氧化钴锂为层状结构（图 3-2）。由于其结构比较稳定，研

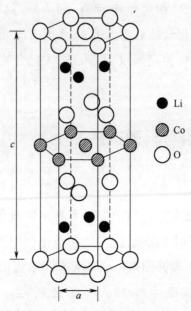

图 3-2　层状氧化钴锂的结构

究比较多。而对于氧化钴锂的另外一种结构——尖晶石型则常易被人们忽略,因为它结构不稳定,循环性能不好。在理想层状 $LiCoO_2$ 结构中,$Li^+$ 和 $Co^{3+}$ 各自位于立方紧密堆积氧层中交替的八面体位置,$c/a$ 比为 4.899,但是实际上由于 $Li^+$ 和 $Co^{3+}$ 与氧原子层的作用力不一样,氧原子的分布并不是理想的密堆结构,而是发生偏离,呈现三方对称性(空间群为 R3m)。在充电和放电过程中,锂离子可以从所在的平面发生可逆脱嵌/嵌入反应。由于锂离子在键合强的 $CoO_2$ 层间进行二维运动,锂离子电导率高,扩散系数为 $10^{-9} \sim 10^{-7}\,cm^2/s$。另外共棱的 $CoO_6$ 的八面体分布使 Co 与 Co 之间以 Co—O—Co 形式发生相互作用,电子电导率 $\sigma_e$ 也比较高。

锂离子从 $LiCoO_2$ 中可逆脱嵌量最多为 0.5 单元;当大于 0.5 时,$Li_{1-x}CoO_2$ 在有机溶剂中不稳定,会发生失去氧的反应。$Li_{1-x}CoO_2$ 在 $x=0.5$ 附近发生可逆相变,从三方对称性转变为单斜对称性。该转变是由于锂离子在离散的晶体位置发生有序化而产生的,并伴随晶体常数的细微变化,但不会导致 $CoO_2$ 次晶格发生明显破坏,因此曾估计在循环过程中不会导致结构发生明显的蜕化，应该能制备 $x$ 近乎 1 的末端组分 $CoO_2$。但是由于没有锂离子，其层状堆积为 ABAB… 型，而非母体 $LiCoO_2$ 的 ABCABC… 型，$x > 0.5$ 时，$CoO_2$ 不稳定，容量发生衰减，并伴随钴的损失。该损失是由于钴从其所在的平台迁移到锂所在的平面，导致结构不稳定而使钴离子通过锂离子所在的平面迁移到电解质中。因此 $x$ 的范围为 $0 \leqslant x \leqslant 0.5$，理论容量为 $156mA \cdot h/g$。在此范围内电压表现为 4V 左右的平台。X 射线衍射表明 $x < 0.5$，Co—Co 原子间距稍微降低，而 $x > 0.5$，则反而增加。

层状氧化钴锂的制备方法一般为固相反应，高温下离子和原子通过反应物、中间体发生迁移。尽管迁移需要活化能，对反应不利；但是延长反应时间，制备电极材料的电化学性能均比较理想。为了克服迁移时间长的问题，可以采用超细锂盐和钴的氧化物混合。同时为了防止反应生成的粒子过小而易发生迁移、溶解等，在反应前加入胶黏剂进行造粒。为了克服固相反应的缺点，采用溶胶-凝胶法、喷雾分解法、沉降法、冷冻干燥旋转蒸发法、超临界干燥和喷雾干燥法等方法，这些方法的优点是 $Li^+$、$Co^{3+}$ 间的接触充分，基本上实现了原子级水平的反应。低温制备的 $LiCoO_2$ 介于层状结构与尖晶石 $Li_2[Co_2]O_4$ 结构之间，由于阳离子的无序度大，电化学性能差，因此层状 $LiCoO_2$ 的制备还须在较高的温度下进行热处理。为了提高 $LiCoO_2$ 的容量及进一步提高循环性能或降低成本，亦可以进行掺杂，如 LiF、Ni、Cu、Mg、Sn 等。LiF 的加入量为 1%、3%、5%、10%（质量）时可逆容量均高于没有加入 LiF 的 $LiCoO_2$。用 Al 取代 Co 生成 $LiAl_{0.15}Co_{0.85}O_2$，初始可逆容量达 $160mA \cdot h/g$，10 次循环后主体结构没有明显变化。在 $LiCoO_2$ 表面涂上一层 $LiMn_2O_4$，开始热分解温度从 185℃ 提高到 225℃，而且循环性能亦有明显提高。为了保证反应产物均匀和产品质量的稳定，亦可以采用其他加热方式，如微波、红外、射频磁旋喷射法等加热方式。如采用射频磁旋喷射法可得到有一定取向的多晶 $LiCoO_2$ 薄膜，大大减小充放电过程中形变产生的应变能。

层状 $LiCoO_2$ 的循环性能比较理想，但是仍会发生衰减。$LiCoO_2$ 在

2.5～4.35V 之间循环时受到不同程度的破坏，导致严重的应变、缺陷密度增加和粒子发生偶然破坏；产生的应变导致两种类型的阳离子无序：八面体位置层的缺陷和部分八面体结构转变为尖晶石四面体结构。因此对于长寿命需求的空间探索而言还有待于进一步提高循环性能。

当反应温度为中等温度 400℃时，而非高温 850℃，氧化钴锂的电化学性能与前述高温层状氧化钴锂明显不同。高分辨中子衍射表明该材料中的阳离子分布介于理想的层状结构和理想的尖晶石结构之间。可逆锂容量及循环性能均不理想，加入部分镍取代钴形成 $LiCo_{1-x}Ni_xO_2$ $(0<x\leqslant0.2)$ 后，容量及稳定性均有提高。另外将尖晶石氧化钴锂及掺有镍的 $LiCo_{1-x}Ni_xO_2$ 用甲酸等进行处理，发生反应：

$$LiCoO_2 \longrightarrow Li[Co_2]O_4 + CoO + Li_2O$$

能得到理想的尖晶石结构，结果电化学性能有了明显提高。在锂化过程中，尖晶石型的四方对称性能够得到维持，且在锂嵌入和脱嵌时，晶胞单元只膨胀、缩小 0.2%。从该角度而言，应用前景不可小觑，有待进一步的研究。温室时通过进一步反应可合成结晶性较好的尖晶石 $LiCoO_2$。

## 3.2.3　氧化镍锂与氧化锰锂等正极材料

氧化镍锂和氧化钴锂一样，为层状结构。尽管 $LiNiO_2$ 比 $LiCoO_2$ 便宜，容量可达 130mA·h/g 以上，但是一般情况下，镍较难氧化为 +4 价，易生成缺锂的氧化镍锂；另外热处理温度不能过高，否则生成的氧化镍锂会发生分解，因此实际上很难批量制备理想的 $LiNiO_2$ 层状结构。层状氧化镍锂中 $c/a$ 比通常为 4.93，在锂层中含有少量镍，镍对锂层的污染明显影响电化学性能。在锂脱嵌的过程中，发生一系列类似从三方到单斜转变的细微相转变。因此，$Li_{1-x}NiO_2$ 中 $x\leqslant0.5$ 时，结构的完整性在循环过程还能得到保持。但是，如果 $x>0.5$ 时，$Ni^{4+}$ 较 $Co^{4+}$ 更易在有机电解质中发生还原，如在 PC 或 EC 电解质溶液中，

$LiNiO_2$ 在 4.2V 时就观察到气体产生，而对于 $LiCoO_2$ 和 $LiMn_2O_4$ 而言，则在 4.8V 以上才能观察到气体的产生。原材料及 Li/Ni 配比对 $LiNiO_2$ 的纯度影响大，以 $Li_2CO_3$ 和 $Ni(OH)_2$ 为原材料，易生成 $Li_2Ni_8O_{10}$ 相，不利于电化学反应；而以 LiOH 和 $Ni(OH)_2$ 为原材料，在 600～750℃ 能得到单一相层状结构的 $LiNiO_2$。$LiNiO_2$ 改性主要有以下几个方向：①提高脱嵌相的稳定性，从而提高安全性；②抑制容量衰减；③降低不可逆容量，与负极材料达到一个较好的平衡；④提高可逆容量。采用的方法有：掺杂元素提高性能，采用溶胶-凝胶法制备材料。

从锂-锰-氧三元体系的相图我们得知锰的氧化物比较多，主要有 3 种结构：隧道结构、层状结构和尖晶石结构。隧道结构的氧化物主是 $MnO_2$ 及其衍生物，它包括：$\alpha$-$MnO_2$、$\beta$-$MnO_2$、$\gamma$-$MnO_2$ 和斜方 $MnO_2$，它们主要用于 3V 一次锂电池（锂原电池）。层状结构的氧化锰锂随合成方法和组分的不同，结构存在差异。在正己醇或甲醇中将层状结构 $NaMnO_2$ 与 LiCl 或 LiBr 进行离子交换得到无水 $LiMnO_2$。结构的对称性与三元对称的层状 $LiCoO_2$(R3m) 相比，要差一些，为单斜对称（空间群为 C2/m）。主要原因是 $Mn^{3+}$ 产生的扬-泰勒效应使晶体发生明显的形变。尽管所有的锂均可以从 $LiMnO_2$ 中发生脱嵌，可逆容量达 270mA·h/g，但是在循环过程中，结构变得不稳定。与 $LiCoO_2$ 和 $LiNiO_2$ 相似，当锂层中有 9% 的锰离子时，锂的脱嵌和嵌入基本上受到了锰离子的抑制。当锂层中锰离子的含量低时如低到 3% 时，可逆充电、放电容量均有明显改进，只是在 4V 和 3V 生成两个明显的平台。这表明充放电过程中发生层状结构与尖晶石结构之间的相转变。该转变导致锰离子迁移到锂离子层中去，结果在锂化 $LiMnO_2$ 尖晶石结构中，交替层中含锰的层数与不含锰离子的层数达到 3∶1。由于锂化尖晶石 $Li[Mn_2]O_4$ 可以发生锂脱嵌，也可以发生锂嵌入，导致正极容量增加；同时，可以掺杂阴离子、阳离子及改变掺杂离子的种类和数量而改变电压、容量和循环性能，再加之锰比较便宜，Li-Mn-O 尖晶石结构的氧化电位高（对金属锂而言为 3～4V），因此它备受青睐。在尖晶石 $[Mn_2]$ $O_4$ 框架中立方密堆氧平面间的交替层中，$Mn^{3+}$ 阳离子层与不含 $Mn^{3+}$

阳离子层的分布比例为 3：1。因此，每一层中均有足够的 $Mn^{3+}$ 阳离子，锂发生脱嵌时，可稳定立方密堆氧分布。人们感兴趣的尖晶石结构在 Li-Mn-O 三元相图中 $Li[Mn_2]O_4$-$Li_4Mn_5O_{12}$-$Li_2[Mn_4]O_9$ 的连接三角形中。广义而言，可分为两类：计量形尖晶石 $Li_{1+x}Mn_{2-x}O_4$（$0\leqslant x\leqslant0.33$）和非计量形尖晶石。后者包括富氧形（如 $LiMn_2O_{4+\delta}$：$0<\delta\leqslant0.5$）和缺氧形（如 $LiMn_2O_{4-\delta}$：$0<\delta\leqslant0.14$）两种。尽管 $Li_x[Mn_2]O_4$ 可作为 4V 锂二次电池的理想材料，但是容量发生缓慢衰减。一般认为衰减的原因主要有以下 3 个方面。①锰的溶解。②扬-泰勒效应。在放电末期先在几个粒子表面发生的扬-泰勒效应扩散到整个组分 $Li_{1+\delta}[Mn_2]O_4$。因为在动力学条件下，该体系不是真正的热力学平衡。由于从立方到四方对称性的相转变为一级转变，即使该形变很小，亦足以导致结构的破坏，生成对称性低、无序性增加的四方相结构。③在有机溶剂中，高度脱锂的尖晶石粒子在充电尽头不稳定，即 $Mn^{4+}$ 的高氧化性。有可能这三个方面均能同时导致 4V 平台容量的衰减。如果将尖晶石结构进行改性，至少可以部分克服上述现象的发生。改进的方法主要是掺杂阳离子、阴离子，采用溶胶-凝胶法，表面改性和其他方法。

## 3.2.4 Li-V-O 化合物

Li-V-O 化合物与 Li-Co-O 化合物一样，存在着两种结构：层状结构和尖晶石结构。

层状 Li-V-O 化合物包括 $LiVO_2$、$\alpha$-$V_2O_5$ 及其锂化衍生物以及 $Li_{1.2}V_3O_8$、$Li_{0.6}V_{2-\delta}O_{4-\delta}\cdot H_2O$ 和 $Li_{0.6}V_{2-\delta}O_{4-\delta}$ 等。

$LiVO_2$ 的结构与层状 $LiCoO_2$ 相同，$c/a$ 比为 5.20，空间群为 R3m。但是与 $LiCoO_2$ 和 $LiNiO_2$ 不一样，脱锂时 $LiVO_2$ 不稳定。当 $Li_{1-x}VO_2$ 中 $x=0.3$ 时，钒离子就可以移动，从钒层的八面体位置（3b）扩散到脱出的锂留下来的空八面体 3a 位置。该扩散通过与交替层中八面体共面的四面体进行；一般而言，是通过占据四面体位置的 $V^{4+}$ 发生歧化反应而进行。该歧化反应破坏层状结构和锂离子扩散的二维通道。当 $x > 0.3$ 时，脱锂的 $Li_{1-x}VO_2$ 为缺陷岩盐结构，基本没有完好的锂离子扩散通道。所以，当 $Li_{1-x}VO_2$ 从层状结构转化为缺陷岩盐结构后，锂离子的扩散系数发生明显降低。该种转化亦可以从转化前后层状结构和缺陷岩盐结构的 X 射线衍射图各峰相对强度的变化看出。将部分脱锂化合物 $Li_{0.5}VO_2$ 在 300℃ 热处理转变为尖晶石 $LiV_2O_4$。

$\alpha$-$V_2O_5$ 及其锂化衍生物方面，由于钒有 3 种稳定的氧化态（$V^{5+}$、$V^{4+}$ 和 $V^{3+}$），形成氧密堆分布，因此钒的氧化物为锂离子二次电池嵌入电极材料中很有潜力的候选者。$\alpha$-$V_2O_5$ 在钒的氧化物体系中，理论容量最高，为 442mA·h/g，可以嵌入 3mol 锂离子，达到组分为 $Li_3V_2O_5$ 的岩盐计量化合物，在该反应中，钒的氧化态从 $V_2O_5$ 中的 +5 价变化到在 $Li_3V_2O_5$ 中 +3.5 价。在层状 $\alpha$-$V_2O_5$ 结构中，氧为扭变密堆分布，钒离子与 5 个氧原子的键合较强，形成四方棱锥络合。锂嵌入到 $V_2O_5$ 中形成几种 $Li_xV_2O_5$ 相（$\alpha$、$\varepsilon$、$\delta$、$\gamma$ 和 $\omega$ 相），并产生相应的电压变化。

$Li_{1.2}V_3O_8$ 的层状结构早在 1956 年即已被确定。它具有单斜对称性，空间群为 $P2_1/m$，可认为是稳定的锂化 $V_2O_5$，即 $0.4Li_2O·V_2O_{5-\delta}$（$\delta = 0.067$）。钒的价态为 4.93，其中一单元锂离子位于八面体位置，剩下的 0.2 单元锂离子位于四面体位置。将 $Li_{1.2}V_3O_8$ 与过量的正丁基锂反应，得到缺陷岩盐结构的 $Li_4V_3O_8$。在该锂化过程中，$V_3O_8$ 框架结构不发生变化，所有的锂离子均在八面体位置。该种嵌入电极材料具有一个很好的特征：在锂嵌入过程中尽管单斜晶胞的各参数发生各向异性变化，但是晶胞单元体积不发生变化。结晶程度不同的 $Li_{1.2}V_3O_8$ 的电化学研究结果表明，锂化时发生几种相转变，但是这些相转变均是可逆的。在 150℃ 喷雾干燥法制备的气溶胶 $Li_{1.2}V_3O_8$ 可以在有机液体电解质中进行电化学嵌锂，达到 $Li_5V_3O_8$ 的岩盐结构。$Li_{1.2+x}V_3O_8$ 中发生的相转变比较小，主要与锂离子在稳定的 $V_3O_8$ 亚晶格四面体和八面体隙间位置有关。由于 $Li_{1.2}V_3O_8$ 在锂嵌入和脱嵌时结构比较稳定，同时存在锂离子发生迁移的二维隙间，因此成为锂二次电池中很有吸引力的一种正极材料。

利用水热制备方法，将 $V_2O_5$ 溶于氢氧化四甲基铵和 LiOH，然后用 $HNO_3$ 酸化，加热到 200℃，得到 $Li_{0.6}V_{2-\delta}O_{4-\delta} \cdot H_2O$。该水合物为层状结构。锂离子的分布存在 3 种位置：①水分子之间；②$VO_5$ 方棱锥的基部；③一些钒原子所在的位置。在首次充电时锂可以从 $Li_{0.6}V_{2-\delta}O_{4-\delta}$ 全部发生脱嵌；在随后的放电和充电过程中，1.4 单元锂可以发生可逆嵌入和脱嵌。

通过脉冲激光沉积法制备无定形 $V_2O_5$ 薄膜，进一步热处理得到多晶结构，循环性能好。采用模板（聚碳酸酯多孔过滤膜的微孔中）方法制备纳米级菱形 $V_2O_5$，像刷子上的棕一样，在低电流（20℃室温）下，其行为与薄膜 $V_2O_5$ 一样，但在大电流如 200C、500C，其容量较薄膜要高好几倍。采用复合溶胶-凝胶法和溶剂交换过程，得到相互连接薄的无定形 $V_2O_5$，可逆容量达 410mA·h/g，每次循环容量衰减在 0.5% 以下。

钒氧化物的掺杂改性方面，在电化学沉积 $V_2O_5$ 时，在溶液中加入 $Na^+$，这样钠离子的掺入有利于与基体的黏结，不需要惰性添加剂可制备薄膜电极，容量在终止电压 2.0V 时可达 320mA·h/g；以钴掺杂的 $V_2O_5$ 有 $\alpha$、$\beta$ 两种，其中 $\alpha$-$Co(VO_3)_2$ 的性能较佳，能可逆嵌入 9.5 单元锂。第五次循环后可逆容量达 600mA·h/g；而掺杂银的 $V_2O_5$ 气凝胶的电导率提高到 2~3 个数量级，因此，每单元 $Ag_xV_2O_5$ 可维持到 4 单元锂；在银掺杂的基础上再引入 Sr(II) 得到 $d$-$Sr_yAg_{(0.75-2y)}V_2O_5$，可逆嵌入/脱嵌的循环性能得到改善；掺杂 Cu、Ag（如 $Cu_{0.5}Ag_{0.5}V_2O_{5.75}$ 在 1.5~3.8V 为 332mA·h/g）。

溶胶-凝胶法也是制备钒的氧化物正极材料的有效方法。由于钒的价态高，极易形成凝胶，所以得到的凝胶品种也比较多，如水凝胶、气凝胶、干凝胶等。目前溶胶-凝胶法制备的 $V_2O_5$ 凝胶的过程中引入杂元素，如铁、铝、铜、铯等，以提高材料的电化学性能。值得一提的是，在其他制备方法中，用电解法制备 $V_2O_5$ 的电化学性能与 V(Ⅳ) 的含量有很大的关系，V(Ⅳ) 的含量越少，可逆容量越高，循环性能较好；用熔融法制备的 $Li_{1+x}V_3O_8$ 时，热处理温度和时间对放电容量有明显影响；用化学法（chimie douce）控制 pH，制备钒酸盐，电化学行为依无定形或晶体的性质不同而不同，可逆容量高达 900mA·h/g；用等离子提升化学气相沉积法、以 $VOCl_3$ 为前驱体，在 1.8～4.0V 之间循环可达 5800 次以上。

## 3.2.5 5V 正极材料

5V 正极材料是区别以上所述放电平台为 3V 及 4V 附近的电极材料而言的，放电平台在 5V 附近左右。目前发现的主要有两种：尖晶石结构 $LiMn_{2-x}M_xO_4$ 和反尖晶石 $V[LiM]O_4[M=Ni,Co]$。在反尖晶石氧化物 $LiNiVO_4$ 中，$V^{5+}$ 占据四面体位置，而 $Li^+$、$Ni^{2+}$ 和 $Co^{2+}$ 占据 16d 八面体位置，因此锂的脱嵌不像正常尖晶石结构一样从四面体 8a 和八面体 16c 位置发生脱嵌，而是从八面体 16d 位置发生脱嵌，电压高达 4.8V。对于同样的 $Ni^{2+}/Ni^{3+}$ 电对，锂从尖晶石 $LiMn_{2-x}Ni_xO_4$ 四面体 8a 位置发生脱嵌，电压亦达 4.8V。因此该高压有可能是由于稳定的共棱八面体 $[LiNi]_{16d}O_4$ 结构所产生的。对于尖晶石结构 $LiMn_{2-x}M_xO_4$（M＝Cr、Co、Ni 和 Cu），阳离子如 Cr、Co、Ni、Cu、Mo 和 V 取代尖晶石结构的部分锰离子后，放电电压可高达 5V 左右。它们产生两个放电平台，一个为 4V 放电平台，另一个为 5V 平台。随 $x$ 增加，4V 平台容量降低，而 5V 平台容量增加。例如 $LiMn_{1.5}Co_{0.5}O_4$ 在 4V 左右平台的容量为 62mA·h/g，而在 5.2V 的平台容量为 77mA·h/g。而 $LiMnCoO_4$ 在 3.9V 左右的容量几乎为零，仅为 8mA·h/g，而在 5V 左右的平台容量则为 102mA·h/g。对于 M＝Cr、Ni 和 Cu 而言，5V 左右的平台电压分别为 4.8V、4.7V 和 4.9V。锂从反尖晶石 $V[LiM]O_4$ 如 $V[LiNi]O_4$ 和 $V[LiCo]O_4$ 中在较高的电压下可发生脱嵌，一般是在 4～5V。当锂从八面体 16d 位置发生脱嵌时，与此同时二价镍和钴发生氧化。从结构的角度而言，锂必须离开能量低的 16d 八面体位置，进入到能量高且与之相邻的 8b 四面体位置。8b 四面体与被锂和镍占据的 16d 位置共 4 个面。但是锂的脱嵌、嵌入反应只有当 $V[Li_{1-x}Co]O_4$ 中

$x$ 较小时才能可逆发生，而 $V[LiNi]O_4$ 则对锂的脱嵌表现为不稳定。

上述 5V 正极材料从能量密度而言很有吸引力，但是它们会带来严重的稳定性问题。在这样高的电压下易导致电解质发生氧化和电池体系的破坏，更严重的是，金属 3d 价带与氧的 2p 价带在 Mn 的较高氧化态下发生重叠，从而发生氧失去反应，并产生安全问题。因此，在 5V 正极材料作为商品化以前化学稳定性和安全问题必须得到解决。另外，5V 高压电解质、锂离子的扩散和迁移机理、极化和容量衰减、锂的缺乏、粒子大小、表面积和制备方法的关系等方面还有待于深入研究。

## 3.2.6　多阴离子正极材料

上述正极材料基本上是氧化物，但是对硫化物的研究表明，尖晶石中硫代尖晶石 $Cu[Ti_2]S_4$ 结构在 $Cu^+$ 的可逆嵌入、脱嵌过程中比较稳定，亚稳定尖晶石框架基本完整。原因在于 $Cu^+$ 半径大，可优先位于四面体位置。另外尖晶石 $Li_x[Ti_2]S_2$ 在整个组分 $0 \leqslant x \leqslant 2$ 的范围内均能发生可逆嵌入和脱嵌，原因之一在于 $S^{2-}$ 的离子半径大，使锂离子能够发生迁移，其电导率可与层状结构 $LiCoO_2$ 相比拟。而在上述含氧的一些尖晶石中，容量基本上逐渐衰减。因此，在三维框架结构中，引入含氧多的阴离子如 $(SO_4)^{2-}$ 和 $(PO_4)^{3-}$ 等来取代 $O^{2-}$，除了得到与氧化物一致的高电压外，亦能提供较大的自由体积，有利于锂离子的迁移。上述反尖晶石结构 $V[LiM]O_4$ 事实上也是多阴离子 $(VO_4)^{3-}$ 取代氧后所得的结构，这里不再说明。多阴离子正极材料主要有如下两种结构：橄榄石结构和 Nasicon 结构。如橄榄石结构的材料方面，将 $VO_4$ 用 $PO_4$ 取代，得到有序的 $LiMPO_4$（M＝Mn、Co、Ni 或 Fe）结构，M 离子位于八面体的 Z 字链上，锂离子位于交替平面八面体位置的直线链上。所有的锂均可发生脱嵌，得到层状 $FePO_4$ 型结构，为 Pbnm 正交空间群。在 Nasicon 结构方面，$Fe_2(SO_4)_3$ 有两种结构：菱形 Nasicon 结构和单斜结构。Nasicon 结构源于 $NaZr_2(PO_4)_3$。每一种结构含有 2

个 $FeO_6$ 八面体单元，该 2 个八面体通过 3 个共角 $SO_4$ 四面体进行桥接，并通过单元中一个共角 $SO_4$ 四面体与邻近块/块结构 $Fe_2(SO_4)_3$ 的 $FeO_6$ 八面体发生桥接，形成三维框架结构，这样每一个四面体只与一个八面体共角，而每一个八面体亦只与一个四面体共角。在菱形结构中，形成的块/块结构相互平行；在单斜相中，互相彼此垂直。因此单斜结构如果发生折皱，锂离子移动的自由体积就会受到限制。它们对金属锂的氧化还原费米能级可以参考表 3-1。利用该表中所示结果，可以在正极材料 $Fe_2(SO_4)_3$ 引入缓冲电对，防止过放电而将 $Fe^{2+}$ 还原为 Fe。另外桥接的多阴离子酸性越强，氧化还原电对的费米能级越低，开路电压越高。阴离子和结构发生变化时，费米能级亦发生变化，但是氧化/还原电对间的差值基本不变。

## 3.2.7 其他正极材料

其他正极材料比较多，如铁的化合物、铬的氧化物、钼的氧化物等，目前研究的也比较多。

铁的化合物如磁铁矿（尖晶石结构）、赤铁矿（$\alpha$-$Fe_2O_3$，刚玉型结构）和 $LiFeO_2$（岩盐型结构），研究得比较多的为 $Fe_3O_4$ 和 $LiFeO_2$；铬的氧化物 $Cr_2O_3$、$CrO_2$、$Cr_5O_{12}$、$Cr_2O_5$、$Cr_6O_{15}$ 和 $Cr_3O_8$ 等均能发生锂的嵌入和脱嵌；钼的氧化物如 $Mo_4O_{11}$、$Mo_8O_{23}$、$Mo_9O_{26}$、$MoO_3$ 和 $MoO_2$；还有其他化合物如钙钛矿型 $La_{0.33}NbO_3$、尖晶石结构的 $Li_xCu_2MSn_3S_8$（M＝Fe,Co）、$Cu_2FeSn_3S_8$、$Cu_2FeTi_3S_8$、$Cu_{3.31}GeFe_4Sn_{12}S_{32}$，还有含镁的钠水锰矿和黑锌锰矿复合的正极材料、反萤石型 $Li_6CoO_4$、$Li_5FeO_4$ 和 $Li_6MnO_4$ 等。

除 4d 过渡金属的化合物外，5d 过渡金属的氧化物亦能发生锂的可逆嵌入和脱嵌。层状岩盐型氧化物 $Li_2PtO_3$ 的体积容量可与 $LiCoO_2$ 相比，同时体积变化比 $LiCoO_2$ 少，因此耐过充电。100 次循环后都没有明显变化。$Li_2IrO_3$ 菱形结构亦可以发生锂的可逆嵌入和脱嵌。

# 3.3 负极材料

作为锂二次电池的负极材料，首先是金属锂，随后才是合金。自锂二次电池的商品化即锂离子电池的诞生以来，研究的有关负极材料主要有以下几种：石墨化碳材料、无定形碳材料、氮化物、硅基材料、锡基材料、新型合金和其他材料，其中石墨化碳材料依然是当今商品化锂二次电池中的主流。

## 3.3.1 碳材料学基础

碳原子在碳材料中主要以 $sp^2$、$sp^3$ 杂化形式存在，形成的品种有石墨化碳、无定形碳、富勒球、碳纳米管等。

C—C 键的键长在碳材料中单键一般为 1.54Å，双键为 1.42Å。当然随品种不同，亦会发生一定的变化。双键组成六方形结构，构成一个平面，我们称之为石墨片面（graphene plane），这些面相互堆积起来，就成为石墨晶体。石墨片面间的堆积方式有两种：ABAB…方式和ABCABC…方式，因此形成的晶体不一样（图 3-3），分别称为六方形结构（2H）和菱形结构（3R）。在碳材料中，两种结构基本上共存。至今没有发现有效合成单一结构的方法或将两者分离开来的方法，原因主要在于墨片平面的移动性大。

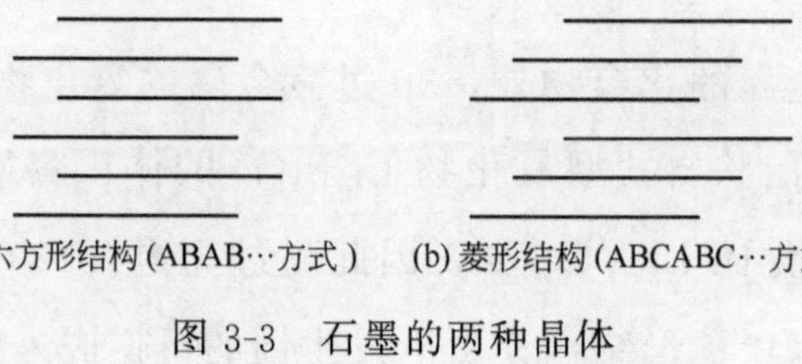

(a) 六方形结构(ABAB…方式)　　(b) 菱形结构(ABCABC…方式)

图 3-3　石墨的两种晶体

即使石墨的结构参数均相同，其性能并不一定相同，因为它们反映的是平均值。例如石墨片面的堆积而言，有可能是基本上平行；有可能是倾斜而致。碳材料的性能与其内在结构有关。可以用拉曼光谱来进行石墨的原位（in situ）测量，从而分析其结构模式。

锂离子电池中碳材料的分类主要有：石墨化碳和无定形碳。该分类与锂离子电池负极材料的发展是一致的。碳材料的结构可以从堆积方式、晶体学和对称性等多个角度来划分。从晶体学角度而言划分为晶体和无定形。从堆积方式可以分为石墨、玻璃碳、碳纤维和炭黑等。从对称性可以分为：非对称、点对称、轴对称和面对称等（图 3-4）。

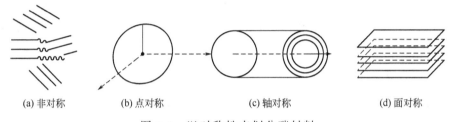

(a) 非对称　　　　(b) 点对称　　　　(c) 轴对称　　　　(d) 面对称

图 3-4　以对称性来划分碳材料

从无定形到晶体，是一个石墨化过程，石墨化过程有 3 种方式：气相、液相和固相。该方式的区分是基于原材料形态的变化。以固相石墨化过程来说，在整个过程中只有固相存在，而在液相石墨化过程中，则在石墨化初期通过液态方式进行。

由于碳材料直接与电解液接触，表面结构对电解液的分解及界面的稳定性具有很重要的作用。目前而言，研究并不深入，基本的参考量有：①端面与平面的分布；②粗糙因子；③物理吸附杂质；④化学吸附等。

这些上面表面结构因素汇示图 3-5 中。

至于这些表面结构因素的表征方法很多，如超高真空技术（俄歇电子能谱、光电子能谱）、拉曼光谱和红外光谱、接触角和湿润性、隧道扫描电镜、热解吸质谱等。表征石墨化程度的因子主要有石墨化因子和相邻层的有序概率等。

在石墨化过程中，随石墨化程度的提高，碳材料的密度逐渐增加，

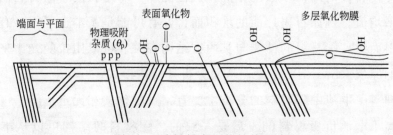

图 3-5　碳材料表面的结构因素

孔隙结构先是增加，达到 800℃ 左右以下逐渐下降。对于孔结构而言，有开孔和闭孔两种。随石墨化程度增加，闭孔的相对含量较低，而开孔的相对含量升高。另外，依据大小孔分为 3 种：大孔（＞100nm）、中孔（10～100nm）和微孔（＜10nm）。微孔可以用小角 X 射线散射来测量。微孔一般为透镜状，周围被微晶平面所包围。

因石墨化程度的不同，碳材料划分为石墨化碳和无定形碳。石墨化碳材料随原料不同而种类亦多。但是总体而言，具有下述特点：①锂的插入定位在 0.25V 以下（相对于 $Li^+/Li$ 电位）；②形成阶化合物；③最大可逆容量为 372mA·h/g，即对应于 $LiC_6$ 一阶化合物。

对于锂插入石墨形成层间化合物或插入化合物的反应一般是从菱形位置（即端面）才能进行，因为锂从石墨片平面是无法穿过的。但是如果平面存在缺陷结构诸如前述的微孔，亦可以经平面进行插入。随锂插入量的变化，形成不同的阶化合物，例如平均四层石墨片面有一层中插有锂，则称之为四阶化合物，有三层中插有一层称为三阶化合物，依此类推，因此最高程度达到一阶化合物。一阶化合物 $LiC_6$ 的层间距为 3.70Å，形成 αα 堆积序列。在最高的一阶化合物中，锂在平面上的分布避免彼此紧挨，防止排斥力大。因此常温常压下得到的结构平均为 6 个碳原子 1 个锂原子，如图 3-6 所示。

对于同一阶化合物，必须意识到其结构有可能不同，特别是锂的插入量未达到 $LiC_6$ 水平时。该成阶现象为热力学过程，主要取决于客体原子将以范德瓦耳斯力结合的两层石墨片面打开所需的能量，而不取决于客体原子之间的相互排斥作用。一般而言，成阶现象或插入程度可以

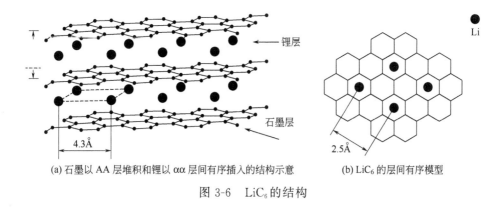

(a) 石墨以 AA 层堆积和锂以 αα 层间有序插入的结构示意　　　(b) LiC₆ 的层间有序模型

图 3-6　LiC₆ 的结构

通过电化学还原的方法来监测和控制。基本方法有两种：恒电流法和动电位法（线性扫描伏安法）。

首先报道将石墨化碳作为锂离子电池是 1989 年，当时索尼公司以呋喃树脂为原料，进行热处理，作为商品化锂离子电池的负极。对于天然石墨而言，锂的可逆插入容量理论水平达 $372mA \cdot h/g$。电位基本上与金属锂接近。但是，它的主要缺点在于石墨片面易发生剥离，因此循环性能不是很理想，通过改性，可以有效防止。天然石墨粒子的形状如板状、鳞片状或圆形对循环性能并没有明显的影响。3R 的含量与不可逆容量存在着一定的关系，可以作为选择石墨的一个标准。另外一种常见的为中间相微珠碳（mesocarbon microbead，MCMB），它是通过将煤焦油沥青进行处理，得到中间相球。然后用溶剂萃取等方法进行纯化，接着进行热处理得到。通常为湍层结构。当然，其形态亦可以进行改变。以 MCMB-28（即热处理温度为 2800℃）为例，第 1 次循环的充放电曲线如图 3-7 所示，循环性能也比较理想。

沥青基碳纤维作为负极材料时，与前处理有很大的关系，在低黏度纺出来制备的碳纤维石墨化程度高，放电容量大；而在高黏度纺出来制备的碳纤维快速充放电能力好，可能与锂离子在结晶较低的碳纤维中更易扩散有关；优化时可逆容量达 $315mA \cdot h/g$，不可逆容量仅为 $10mA \cdot h/g$，第一次充放电效率达 97%。

对于焦炭制备的石墨化碳，尽管容量较石墨低，但是快速充放电能

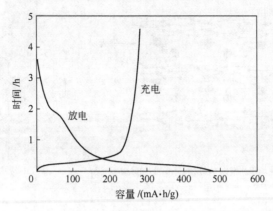

图 3-7　MCMB-28 作为负极材料的第 1 次循环的充放电曲线

力比石墨强。石墨化介稳相沥青基碳纤维（mesophase-pitch-based carbon fiber）同石墨相比，锂离子的扩散系数高一个数量级，大电流下的充放电行为亦优于石墨。石墨化碳材料在锂插入时，首先存在着一个比较重要的过程：形成钝化膜或电解质-电极界面膜，界面膜的好坏对于其电化学性能影响非常明显。其形成一般分为以下 3 个步骤：①0.5V以上膜的开始形成；②0.5～0.2V 主要成膜过程；③0.2～0.0V 才开始锂的插入。如果膜不稳定，或致密性不够，一方面电解液会继续发生分解，另一方面溶剂会发生插入，导致碳结构的破坏。表面膜的好坏与碳材料的种类、电解液的组成有很大的关系。

　　无定形碳材料的研究主要源于石墨化碳需要进行高温处理。同时其理论容量 372mA·h/g 比起金属锂（3800mA·h/g）而言要小很多。因此从 20 世纪 90 年代起，它备受关注。主要特点为制备温度低，一般在 500～1200℃范围内。由于热处理温度低，石墨化过程进行得很不完全，所得碳材料主要由石墨微晶和无定形区组成，因此称为无定形碳材料。无定形碳材料的制备方法主要有 3 种：将低分子有机物在催化剂的作用下进行裂解、将高分子材料直接进行裂解和别的处理方法。总体上而言，无定形碳材料的可逆容量虽然高，甚至可高达 900mA·h/g 以上。但是循环性能均不理想，可逆储锂容量一般随循环的进行衰减得比较快。另外电压存在滞后现象，锂插入时，主要是在 0.3V 以下进行；

而在脱出时，则有相当大的一部分在 0.8V 以上。

对于碳材料的改性，目前的研究非常多。碳材料的改性主要有以下几个方面：非金属的引入、金属的引入、表面处理和其他方法。

引入非金属方面。①硼的引入的方式有两种：以原子形式和以化合物形式。原子形式的引入主要是在用气相化学沉积法（CVD）制备碳材料时，引入含硼的烷烃或别的硼化合物进行裂解，得到硼原子与碳原子一起沉积的碳材料。化合物形式的引入则是直接将硼化合物如 $B_2O_3$、$H_3BO_3$ 等加入到碳材料的前驱体中，然后进行热处理。这两种方法对所得碳材料容量的影响略有不同。②引入氮元素方面，充放电结果表明，随氮含量的增加，可逆容量增加（表 3-1），并超过了石墨的理论容量 372mA·h/g。③此外还可以引入硅、硅与碳的复合物、磷、ⅥA 族的氧和ⅦA 族的氟等。

表 **3-1** 锂离子电池碳负极材料中氮含量的变化与可逆容量的关系

| 前驱体 | N/C原子比 | 可逆容量/(mA·h/g) |
| --- | --- | --- |
| 苯 | 0 | 249 |
| 吡啶 | 0.0800 | 335 |
| 吡啶+氯气 | 0.0855 | 392 |
| 吡啶+氯气 | 0.137 | 507 |
| 聚苯乙烯 | 0 | 345 |
| 聚4-乙烯吡啶 | 0.0804 | 386 |
| 聚丙烯腈 | 0.195 | 418 |
| 密胺树脂 | 0.217 | 536 |

引入金属元素方面：碳材料中引入的金属元素有主族和过渡金属元素。主族元素有ⅠA族的钾、ⅡA族的镁、ⅢA族的 Al、Ga。过渡金属元素有钒、镍、钴、铜、铁等。它们对电池材料的作用或多或少在于改变可逆容量等电性能。比如钾引入到碳材料中是通过首先形成插入化合物 $KC_8$，然后组装成电池。由于钾脱出以后可逆插入的不是钾，而是锂。再加之钾脱出以后碳材料的层间距（3.41Å）比纯石墨的层间距（3.36Å）要大，有利于锂的快速插入，可形成 $LiC_6$ 的插入化合物，可逆容量达 372mA·h/g。另外，用 $KC_8$ 为负极，正极材料的选择余地

比较宽，可用一些低成本的、不含锂的化合物。

由于碳材料表面存在着一些不规则结构，而这些不规则结构又容易与锂发生不可逆反应，造成碳材料的电化学性能劣化。因此将表面进行处理，改善表面结构，可提高电化学性能。主要方法有：气相氟化和氧化、液相氧化、等离子处理、形成表面层等。表 3-2 为所得的部分实验结果。以前认为 KS 石墨基本上不能可逆储锂，可是通过改变粒子的大小，容量不仅有提高，还超过了石墨的理论容量。通过改变粒子大小的研究表明，端面的比例虽然少，但是对不可逆容量的大小起着重要作用。端面的量越多，不可逆容量越大。

表 3-2 粒子大小对碳负极材料可逆容量的影响

| 石墨样品 | 平均粒径/μm | 比表面积/(m²/g) | 活性比表面积/(m²/g) | 晶体大小 $L_c$/nm | 可逆容量/(mA·h/g) |
|---|---|---|---|---|---|
| LONZA KS-6 | 3.34 | 22 | 0.44 | 65 | 880 |
| LONZA KS-25 | 10.5 | 13 | 0.09 | 90 | 550 |
| LONZA KS-44 | 20.25 | 10 | 0.04 | 100 | 250 |

对于锂在碳材料中的储存机理，除了公认的石墨与锂形成石墨插入化合物外，在别的碳材料如无定形碳中的储存则有多种说法，主要有锂分子 $Li_2$ 机理、多层锂机理、晶格点阵机理、弹性球-弹性网模型、层-边端-表面机理、纳米级石墨储锂机理、碳-锂-氢机理、单层石墨片分子机理和微孔储锂机理。对于纳米级石墨储锂机理，有人将酚醛树脂进行低温热处理，得到 PAS 碳材料，可逆容量达 438mA·h/g。通过拉曼光谱的研究，发现有两组峰：1350cm⁻¹ 和 1580cm⁻¹ 附近。他们把前者归结于纳米级石墨晶体；而后者则是石墨晶体。纳米级石墨较普通石墨而言，要小很多，因此分别称之为 D-峰和 G-峰。D-峰和 G-峰的相对强度随热处理温度的变化而变化，首先随热处理温度增加而增加，在700℃达到最大值，随后减少。而该变化与碳材料的容量变化相一致。因此他们认为所得碳材料中有几种不同的形态：石墨相、纳米级石墨相

和其他相。图 3-8 所示为 $Li_{2.5}Co_{0.5}N$ 的结构示意。图 3-9 所示为一半锂脱出以后的 Li-N 层（A 层）结构示意。

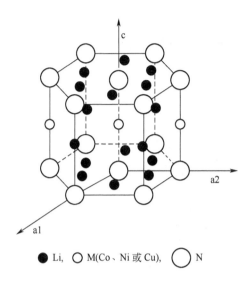

● Li,　○ M(Co、Ni 或 Cu),　◯ N

图 3-8　$Li_{2.5}Co_{0.5}N$ 的结构示意

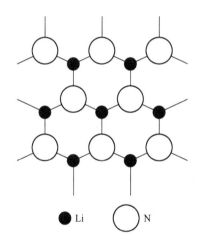

● Li　◯ N

图 3-9　一半锂脱出以后的 Li-N 层（A 层）结构示意

以上负极碳材料还包括富勒烯、碳纳米管。它们均能发生锂的插入和脱插。特别是后者，可逆容量可超过石墨的理论值。结果表明碳纳米管的可逆容量与石墨化程度亦存在着明显的关系。石墨化程度低，容量高，可达 700mA·h/g；石墨化程度高，容量低，但是循环性能好。表面再涂上一层铜，能提高第一次充放电效率，通过热处理方法可提高纳米管的石墨化程度，从而降低不可逆容量。

## 3.3.2 氮化物负极材料基础

氮化物的研究主要源于 $Li_3N$ 具有高的离子导电性，即锂离子容易发生迁移。将它与过渡金属元素如 Co、Ni、Cu 等发生作用后得到氮化物 $Li_{3-x}M_xN$。该氮化物具有 P6 对称性，密度与石墨相当。它同六元环型石墨相似，由 A、B 两层组成（图 3-8：以 $Li_{2.5}Co_{0.5}N$ 为例）。A 层为 Li-N，B 层为 Co 替代 Li-N 层间的 Li，容量发生不可逆变化。而形成的 Co-Li。全部 B 层中的锂和 A 层中的一半锂可发生可逆脱出，脱出的上限电压为 1.4V。超过 1.4V，脱出一半锂的 A 层（结构如图 3-9 所示）就会发生分解，导致 A 层结构的破坏。在锂脱出过程中，该氮化物首先由晶态转化为无定形态，并发生部分元素的重排，在随后的循环中，保持该无定形态。至于 Co 在其中的化合价变化，则认为是+1 与+2 之间的转换。这一点与传统正极材料氧化锂钴 $Li_xCoO_2$ 有明显不同，后者是在+3 与+2 价之间发生变化。在所得的氮化物中，以 $Li_{3-x}Cu_xN$ 的性能最佳，可逆容量可达 650mA·h/g 以上；其次为 $Li_{3-x}Co_xN$，可逆容量达 560mA·h/g。其他氮化物的可逆容量均低于石墨的理论容量 372mA·h/g。虽然该类氮化物在未超过 1.4V 时，循环性能比较好，但平均放电电压比石墨（为 0.4V）要高，以金属锂为参比电极，略为 1.1V；且合成条件苛刻，需要在高压下加热（30MPa、750℃）。因此从实用的角度而言并不理想。

## 3.3.3 硅及硅化物

硅有晶体和无定形两种形式。作为锂离子电池负极材料，以无定形硅的性能较佳。因此在制备硅时，可加入一些非晶物，如非金属、金属等，以得到无定形硅。硅与 Li 的插入化合物可达 $Li_5Si$ 的水平，在 0～

1.0V（以金属锂为参比电极）的范围内，可逆容量可高达 800mA·h/g 以上，甚至可高达 1000mA·h/g 以上，但是容量衰减快。当硅为纳米级（78nm）时，容量在第 10 次还可达 1700mA·h/g 以上。硅与非金属形成的化合物的代表有 $SiB_n$（$n = 3.2 \sim 6.6$），它本质上不同于硅的掺杂，可逆容量较硅要高（表 3-3），而且其第一次充放电的效率很高，可与人造石墨相当。另外硅与石墨研磨形成 $C_{0.8}Si_{0.2}$，初始可逆容量达 1039mA·h/g，20 次循环后还可达 794mA·h/g。

表 **3-3** 硅及 $SiB_4$ 与人造石墨的部分充放电性能

| 负极材料 | 第一次充放电效率 | 第一次放电容量 | 平均放电电压 | 20次循环后容量的保持率 |
|---|---|---|---|---|
| Si | 25% | 800mA·h/g | 0.4V | — |
| $SiB_4$ | 82% | 1500mA·h/g | 0.5V | 95% |
| 人造石墨 | 80% | 230mA·h/g | 0.4V | 96% |

大量金属元素引入硅中，导致新的硅化物产生，其中以锰的硅化物性能较为突出，其平均放电电压与石墨差不多，但容量和循环性能均比天然石墨要优越，容量高 40% 以上，天然石墨达到其初始容量的 50% 时，循环次数为 350，而锰的硅化物则为 450 次。Cr 与硅形成复合物的容量从 Li-Si 的 550mA·h/g 提高到 800mA·h/g，容量大小与 Li/Si 的初始比例有关。当 Li/Si 的比例约为 1：3.5 时，容量最大，循环性好。将硅分散到非活性 TiN 基体中形成纳米复合材料，尽管容量较低（约为 300mA·h/g），但循环性能很好，且只需高能机械研磨就可以。

## 3.3.4　锡基材料

锡基负极材料包括锡的氧化物、复合氧化物和锡盐。

锡的氧化物有 3 种：氧化亚锡、氧化锡及其混合物。氧化亚锡（SnO）的容量同石墨材料相比，要高许多，但是循环性能并不理想。氧化锡也能可逆储锂，但由于制备方法不一样，因此性能有较大的差别。由于氧化亚锡和氧化锡均可以可逆储锂，它们的混合物也可以可逆储锂。锡的氧化物之所以能可逆储锂，目前存在着两种看法，一种为合金型，另一种为离子型。认为合金型的过程如下：

$$Li + SnO_2(SnO) \longrightarrow Sn + Li_2O$$

$$Sn + xLi = Li_xSn(x \leqslant 4.4)$$

即锂先与锡的氧化物发生氧化还原反应，生成氧化锂和金属锡，随后锂与还原出来的锡形成合金。而离子型认为其过程如下：

$$xLi + SnO_2(SnO) = Li_xSnO_2(Li_xSnO)$$

即锂在其中是以离子的形式存在，没有生成单独的 $Li_2O$ 相，第一次充放电效率比较高。

但是，也有观察到复合型的，即锂插入 SnO 时，四方形 SnO 发生还原生成 $\beta$-Sn 和结构与 SnO 有强烈作用的金属锡；锂发生脱插时，该过程部分可逆，形成 SnO，同时也能观察到 Sn(Ⅳ) 的形成。

在氧化亚锡、氧化锡中引入一些非金属、金属氧化物，如 B、Al、P、Si、Ge、Ti、Mn、Fe、Zn 等，并进行热处理，可以得到复合氧化物。机械研磨 SnO 和 $B_2O_3$ 同样可得到复合氧化物，会改变材料的电化学性能。

对于复合氧化物的储锂机理，目前也有两种观点：一种为合金型，另一种为离子型。合金型机理观察到可逆容量随循环的进行而衰减，而离子型机理观察到可逆容量随循环的进行衰减得很慢。另外通过[7]LiNMR（以 LiCl 的水溶液作参比）观察到插入锂的离子性成分较别的负极材料要多一些，这间接证明了离子型机理存在的合理性。

SnO 与 $P_2O_5(Sn_2P_2O_7)$ 的复合氧化物同样能储锂，制备条件不一样，容量及不可逆容量不一样，优化条件可以提高可逆容量，降低不可逆容量；掺杂 Mn 后可降低不可逆容量。无定形 $SnO_2$ 掺杂少量硅，硅的掺杂降低锡的价态，从而降低不可逆容量。在第一次充电时生成 $SiO_2$ 和 $Li_2SiO_3$，由于产生高度分散的惰性相，界面扩散增加，可逆容

量高达 $900\sim950mA\cdot h/g$，比最高组分 $Li_{4.4}Sn$ 的理论容量还高。也有些研究结果认为在 $SnO_2$（非 $SnO$）中掺杂 $B_2O_3$、$In_2O_3$ 以后，不仅容量降低，而且循环性能也劣化。

除氧化物以外，锡盐也可以作为锂离子二次电池的负极材料，如 $SnSO_4$。最高可逆容量也可以达到 $600mA\cdot h/g$ 以上。根据合金型机理，不仅 $SnSO_4$ 可作为储锂的活性材料，别的锡盐也可以，如 $Sn_2PO_4Cl$，40 次循环后容量可稳定在 $300mA\cdot h/g$。锂在 $SnSO_4$ 中的插入和脱插过程发生的反应是：

$$SnSO_4 + Li \longrightarrow Sn + Li_2SO_4（约 1.6V）$$

$$Sn + 4Li =\!=\!= Li_4Sn（第二次循环以后）$$

在充放电过程中，X 射线衍射及穆斯堡尔谱测量结果证明了上述反应过程。由于 $SnSO_4$ 与低温碳材料、天然石墨等相比，可以大电流充放电，同时又容易获得，因此其应用前景也非常可观。

其他的锡化物包括：锡硅氧氮化物、锡的羟氧化物、硫化锡和纳米金属锡等。

锡基负极材料作为锂离子二次电池的负极很有潜力，但是有一些方面的研究有待于进一步的深入，如锂在锡基材料中的插入机理。不同的方法所得的材料，锂在其中的插入机理可能不一样。这一问题的深入对于锡基负极材料的进一步发展不仅具有理论意义，而且具有很重要的实际应用价值。

## 3.3.5 新型合金

锂二次电池最先所用的负极材料为金属锂，后来用锂的合金如 Li-Al、Li-Mg、Li-Al-Mg 等以期克服枝晶的产生，但是它们并未产生预期的效果，随后陷入低谷。在锂离子电池诞生后，人们发现锡基负极材料可以进行锂的可逆插入和脱出，从此又掀起了合金负极的一个小高潮。

合金的主要优点是：加工性能好、导电性好、对环境的敏感性没有碳材料明显、具有快速充放电能力、防止溶剂的共插入等。从目前研究的材料来看，多种多样。我们按基体材料来分，主要分为以下几类：锡基合金、硅基合金、锗基合金、镁基合金和其他合金。比如锡基合金主要是利用 Sn 能与 Li 形成高达 $Li_{22}Sn_4$ 合金，因此理论容量高，然而锂与单一金属形成合金 $Li_x M$ 时，体积膨胀很大，再加之金属间相 $Li_x M$ 像盐一样很脆，因此循环性能不好，所以一般是以两种金属 $MM'$ 作为锂插入的电极基体，其中金属之一 $M'$ 为非活性物质，而且比较软，这样，锂插入活性物质 M 中时由于 $M'$ 的可延性，使体积变化大大减小。在 Sn-SnSb 中存在多相结构，粒子越小，循环性能越好。当粒子小于 300nm 时，200 次循环后还可达 $360mA \cdot h/g$。Sn 也可以与其他金属一起形成合金，如 Cd、Ni、Mo、Fe、Cu 等。以钼为例，加入 2％时循环性能最佳。

另外，研究得比较深入的为铜与锡形成的负极材料 $Li_x Cu_6 Sn_{5\pm1}$ $(0<x<13)$。研究结果认为铜在 $0\sim2.0V$ 电压范围内并不与锂形成合金，因此可作为惰性材料，一方面提供导电性能，另一方面提供稳定的框架结构，就像正极氧化物材料中的氧原子一样。

## 3.3.6 其他负极材料

其他负极材料包括钛的氧化物、铁的氧化物、钼的氧化物等。这里以钛的氧化物进行简单说明。钛的氧化物包括氧化钛及其与锂的复合氧化物。前者有多种结构，如金红石、锐钛矿、碱硬锰矿和板态矿；后者包括锐钛矿 $Li_{0.5}TiO_2$、尖晶石 $LiTi_2O_4$、斜方相 $Li_2Ti_3O_7$ 和尖晶石 $Li_{4/3}Ti_{5/3}O_4(Li_4Ti_5O_{12})$。作为锂二次电池负极材料研究得较多的为尖晶石 $Li_{4/3}Ti_{5/3}O_4$，其结构与尖晶石 $LiMn_2O_4$ 相似，可写为 $Li[Li_{1/3}Ti_{5/3}]O_4$，空间点阵群为 Fd3m，晶胞参数 $a$ 为 8.36Å，为白色晶体。当锂插入时还原为深蓝色的 $Li_2[Li_{1/3}Ti_{5/3}]O_4$。电化学过程可示意如下：

$$Li[Li_{1/3}Ti_{5/3}]O_4 + Li^+ + e^- \rightleftharpoons Li_2[Li_{1/3}Ti_{5/3}]O_4$$

该过程的进行是通过两相的共存实现的。生成的 $Li_2[Li_{1/3}Ti_{5/3}]O_4$ 的晶胞参数 $a$ 变化很小，仅从 $8.36\text{Å}$ 增加到 $8.37\text{Å}$，因此称为零应变电极材料。典型的充放电曲线说明放电非常平稳，平均电压平台为 $1.56V$。可逆容量一般在 $150\text{mA}\cdot\text{h/g}$ 附近，比理论容量 $168\text{mA}\cdot\text{h/g}$ 约低 $10\%$。由于是零应变材料，晶体非常稳定，循环性能非常好，因此除作为锂二次电池负极材料外，亦可以作为参比电极来衡量其他电极材料性能的好坏（一般是采用金属锂为参比电极进行比较，而金属锂易形成枝晶，不能作为长期循环性能评价的较好的标准）。

尖晶石 $LiTi_2O_4$ 可由锐钛矿 $Li_{0.5}TiO_2$ 在 $400℃$ 进行加热制备，锂插入后晶胞参数 $a$ 从 $8.416\text{Å}$ 减少到 $8.380\text{Å}$，平均电压平台为 $1.34V$。

一般的 $TiO_2$ 包括 Hollandite 型 $TiO_2$（理论容量 $335\text{mA}\cdot\text{h/g}$），可逆容量很小，但是纳米 $TiO_2$ 的可逆容量有明显提高。有趣的是在 $TiO_2$ 中加入 $C(C/Ti = 0.06)$，不仅容量从 $30\text{mA}\cdot\text{h/g}$ 提高到 $167\text{mA}\cdot\text{h/g}$，而且容量衰减得到明显的抑制。这可能是 $TiO_2$ 将来改进的一个重要方向。

另外，由于铁的资源丰富，价格便宜，没有毒性，依据 $Li_6Fe_2O_3$ 最高理论容量可达 $1000\text{mA}\cdot\text{h/g}$，对金属锂的电位在 $1.1V$ 以下，因此备受关注。但是目前对其机理并没有研究清楚，可能像锡的氧化物一样，也是合金机理。这样一来第一次不可逆容量大，因此有待进一步研究。

其他氧化物负极材料如 $MoO_2$、$WO_2$、$Na_{0.25}MoO_3$ 等，可逆容量很低。

# 参 考 文 献

[1]　Ritchie Andrew, Howard Wilmont. Recent developments and likely advances in lithium-ion

batteries. Journal of Power Sources, 2006, 162 (2): 809-812.

[2]  Zhang Qinhui, Sun Shuying, Li Shaopeng, et al. Adsorption of lithium ions on novel nanocrystal $MnO_2$. Chemical Engineering Science, 2007, 62 (18-20): 4869-4874.

[3]  Bates J B, Dudney N J, Neudecker B, et al. Thin-film lithium and lithium-ion batteries. Solid State Ionics, 2000, 135 (1-4): 33-45.

[4]  Ritchie A G, Bowles P G, Scattergood D P. Lithium-ion/iron sulphide rechargeable batteries. Journal of Power Sources, 2004, 136 (2): 276-280.

[5]  Ohzuku Tsutomu, Brodd R J. An overview of positive-electrode materials for advanced lithium-ion batteries. Journal of Power Sources, 2007, 174 (2): 449-456.

[6]  Chang Yuqin, Li Hong, Wu Lie, Lu Tianhong. Irreversible capacity loss of graphite electrode in lithium-ion batteries. Journal of Power Sources, 1997, 68 (2): 187-190.

[7]  Sarre Guy, Blanchard Philippe, Broussely Michel. Aging of lithium-ion batteries. Journal of Power Sources, 2004, 127 (1-2): 65-71.

[8]  Nukuda T, Inamasu T, Fujii A D, et al. Development of a lithium ion battery using a new cathode material. Journal of Power Sources, 2005, 146 (1-2): 611-616.

[9]  Wang G X, Steve Bewlay, Jane Yao. Multiple-ion-doped lithium nickel oxides as cathode materials for lithium-ion batteries. Journal of Power Sources, 2003, 119-121: 189-194.

[10]  Venkatasetty H V. Novel superacid-based lithium electrolytes for lithium ion and lithium polymer rechargeable batteries. Journal of Power Sources, 2001, 97-98: 671-673.

[11]  Wakihara Masataka. Recent developments in lithium ion batteries. Materials Science and Engineering: R: Reports, 2001, 33 (4): 109-134.

[12]  Balakrishnan P G, Ramesh R, Prem Kumar T. Safety mechanisms in lithium-ion batteries. Journal of Power Sources, 2006, 155 (2): 401-414.

[13]  Johnson B A, White R E. Characterization of commercially available lithium-ion batteries. Journal of Power Sources, 1998, 2007 (1): 48-54.

[14]  Chou Chuen-Shii, Tsou Ching-Hua, Wang Chin-I. Preparation of Graphite/Nano-Powder Composite Particles and Applicability as Carbon Anode Material in a Lithium Ion Battery. Advanced Powder Technology, 2008, 19 (4): 383-396.

[15]  Fu L J, Liu H, Li C, et al. Surface modifications of electrode materials for lithium ion batteries. Solid State Sciences, 2006, 8 (2): 113-128.

# 4 燃料电池材料

## 4.1 概述

### 4.1.1 氢气利用与燃料电池

由于氢在世界上的储量极其丰富，又不具有环境污染，多年来一直被认为是未来的能源主体，人们普遍认为氢和电在将来会成为互补的能源载体，氢有一些与电有关的独特的性能，这些独特的性能使得它成为理想的能源载体或燃料：①氢像电一样可以从任何能源中得到，包括可再生的能源；②氢可以由电获得并以相对高的效率转换成电，一些由太阳能直接得到氢的技术已经成功；③获取氢的原材料是水，资源丰富，由于氢使用后的产物是纯水或水蒸气，因此氢是完全可再生的燃料；④氢可以以气态（便于大规模储存）、液态（便于航空航天应用）或以金属氢化物（便于机动车和别的相对小的规模储量需求）形式储存；⑤氢能够借助于管道和钢瓶进行长距离运输（大多数情况下比电更经济和有效）；⑥氢可通过催化燃烧、电化学转换和氢化物，比任何其他燃料有更多的方法和更高的效率转换成为其他形式的能源；⑦氢是对环境无害的能源。

氢和电将形成独立于其他能源的能源系统，这种能源系统的技术关键是氢的制造、储存、运输和利用技术。这些有效技术在未来将使氢像热、机械和电能一样获得广泛的应用。氢能系统对全球能源-经济-环境问题提供了一个清晰、全面和永久的解决方案，因此得到了许多政府和工业组织的支持。利用氢作为能源，重点要解决的是其储存和运输问题。根据储氢机制，储氢方式主要分为物理方式（压缩、冷冻、吸附）和化学方式（氢化物等）。表 4-1 中列出了一些不同的储氢方法及其应用特性，其中 PO 表示便携领域，TR 表示运输，CHP 表示能量生产。由于没有实际操作条件或储氢容量太低，活性炭、沸石、玻璃微球还没有实际的应用领域。碳纳米管作为新的超级吸附剂是一种很有前途的储氢材料，它的出现将推动氢-氧燃料电池汽车及其他用氢设备的发展，但作为商业应用还有一段距离。

**表 4-1 不同储氢方法特性**

| 储氢方法 | 储氢容量/%（质量） | 比能量/(kW/kg) | 可能的应用领域 |
| --- | --- | --- | --- |
| 气态$H_2$ | 11.3 | 5.0 | TR，CHP |
| 液态$H_2$ | 25.9 | 13.8 | TR |
| 金属氢化物 | 2～5.5 | 0.8～2.3 | PO，TR |
| 活性炭 | 5.2 | 2.2 | — |
| 沸石 | 0.8 | 0.3 | — |
| 玻璃微球 | 6 | 2.5 | — |
| 碳纳米管 | 4.2～7 | 1.7～3.0 | PO，TR |
| 有机液体 | 8.9～15.1 | 3.8～7.0 | TR，CHP，PO |

氢是一种极活泼的元素，可与上千种金属和合金形成氢化物和固溶体。20 世纪 60 年代末到 70 年代初，人们相继发现了 TiFe、$Mg_2Ni$、$LaNi_5$ 等储氢合金，从此拉开了储氢材料研究的序幕。由于它们具有优异的吸放氢性能并能兼顾其他功能性质，因此发展迅速。凡具有未充满的壳层或亚壳层的元素或金属是合适的吸氢物质，通过金属原子未充满的亚壳层与氢原子 K 壳层的电子共享，金属和氢原子形成了化合物。有效利用金属与氢的可逆反应，就可实现机械能、电能、热能和化学能之间的相互转换，储氢合金就可以成为极有应用前景的能量变换功能材料，广泛地应用到氢的储存、运输和纯化以及镍氢电池、氢燃料汽车、氢同位素分离、温度和压力传感器、有机化合物氢化反应的催化剂等领域。

## 4.1.2 燃料电池技术的发展、材料技术基础与应用

燃料电池实用化的进程起始于 1940 年。自从作为阿波罗宇宙飞

船的电源到现在产业用和民用电源，燃料电池实用化应用技术的开发正在迅速发展，如今已发展成为固定式的燃料电池和专用的汽车用燃料电池。燃料电池的特点是能量变换效率高，对环境的负面影响几乎为零；由于体积较小，因此可以在任何时候任何地方方便地使用；同时，由于能使用多种燃料发电，还可以代替火力发电。在21世纪中期有望适用于小汽车和公共汽车用的燃料电池车，家庭住宅、办公楼等应用的燃料电池供应系统，代替二次电池用于手机的电源等。

1839年英国格罗夫发表了世界上第一篇有关燃料电池的研究报告，他研制的单电池是在稀硫酸溶液中放入两个铂箔作电极，一边供给氧气，另一边供给氢气。直流电通过水进行电解水，产生氢气和氧气（图4-1）。这个燃料电池是电解水的逆反应，消耗掉的是氢气和氧气，产生水的同时得到电能。如今燃料电池材料已经成为了材料学、化学工程等领域研究的重要热点之一。

像格罗夫的燃料电池那样，让氢气和氧气反应得到电的燃料电池称为氢-氧燃料电池。燃料电池是氢能利用的最理想方式，它是电解水制氢的逆反应。

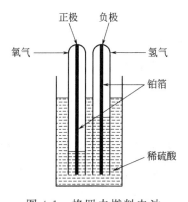

图 4-1　格罗夫燃料电池

氢气进入的电极称为燃料极（氢极、阳极），氧气进入的电极称为空气极（氧极、阴极）。

氢-氧燃料电池中的电化学反应如下。

燃料极：

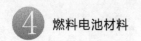

$$H_2 \longrightarrow 2H^+ + 2e^-$$

空气极：

$$\frac{1}{2}O_2 + 2H^+ + 2e^- \longrightarrow H_2O$$

对于整个电池的反应如下：

$$H_2 + \frac{1}{2}O_2 \longrightarrow H_2O$$

因此，氧气进入的电极一侧为正极，氢气进入的电极一侧为负极，将两侧外部联结起来可以得到电流。

根据下列的公式，可以计算出电流 $I$(A) 所需氢气的流量 $Q$(mol/s)。

与电解相关的法拉第法则：$I = nFQ$

式中，$n$ 为反应中给予的电子数（上述的氢气反应中，$n = 2$）；$F$ 为法拉第常数，96500C/mol。

对于燃料电池而言，外部的电阻越高，电流就越小，燃料极的反应和空气极的反应变得困难，燃料气体的消耗 $Q$[mol/s] 也变小。外部增加负载后，产生的电压是理论电位 $E$ 减去空气极电压降（$RI$）、燃料极电压降（$R_c I$）和与阻抗损失有关的电压降（$R_{ohm} I$）之和的值。$R_c$ 和 $R_a$ 是与电极反应有关的电阻，随电流变化而变化；$R_{ohm}$ 是通过电解质的离子或通过导电体的电流等遵从欧姆法则的电阻。尽力减少燃料电池内部的电压降——空气极电压降（$R_c I$）和燃料极电压降（$R_a I$）是燃料电池中最重要的研究课题。

对燃料电池而言，化学能完全转变成电能时的效率称为理论效率。理论效率 $\varepsilon_{th}$ 可用下面的公式表示：

$$\varepsilon_{th} = \frac{\Delta G^{\ominus}}{\Delta H^{\ominus}_{298}}$$

式中，$\Delta G^{\ominus}$ 是反应的标准生成吉布斯能变化，单位是 kJ/mol；$\Delta H^{\ominus}_{298}$ 是 298K 下反应的标准生成焓的变化。在标准状态下的理论电位 $E^{\ominus}$ 可用以下公式表示：

$$E^{\ominus} = \frac{-\Delta G^{\ominus}}{nF}$$

各种物质的标准生成焓和标准生成吉布斯能可以从热力学物性手册中查到，这样，通过 $\Delta G^{\ominus}$、$\Delta H^{\ominus}_{298}$ 可以计算出燃料电池的理论效率 $\varepsilon_{th}$ 和燃料电池的理论电位 $E^{\ominus}$。例如，对于甲醇燃料电池而言，$\varepsilon_{th} = 0.97$。

当温度和压力不是标准状态下时，$\Delta G$ 随工作温度和压力而变化。标准吉布斯能的变化与温度及压力的相互关系可用下面的公式来表示：

$$\Delta G = \Delta G^{\ominus} + RT \cdot \ln\left(\frac{p_{H_2O}}{p_{H_2} p_{O_2}^{\frac{1}{2}}}\right)$$

式中，$R$ 为气体常数，J/(K·mol)；$T$ 为温度，K；$p_{H_2}$ 为燃料极侧 $H_2$ 分压力，atm；$p_{H_2O}$ 为燃料极侧 $H_2O$ 分压力，atm；$p_{O_2}$ 为空气极侧 $O_2$ 分压力，atm。

在这个公式中第一项标准吉布斯能与压力没有关系，只随温度的变化而变化，第 2 项随燃料电池工作时压力、气体组成以及温度的变化而变化。

$\Delta G^{\ominus}$ 可以由以下公式计算：

$$\Delta G^{\ominus} = -234476 + 18.385T \cdot \ln T - 78.195T - 7.005 \times 10^{-3}T^2 - 5.3675 \times 10^5 T^{-1} + 4.883 \times 10^{-7}T^3 + 3.383 \times 10^7 T^{-2}$$

（$H_2$-$O_2$ 燃料电池标准的 $\Delta G^{\ominus}$ 变化：生成的水是气体时，HHV 基准）

$$\Delta G^{\ominus} = -293013 - 28.645T \cdot \ln T + 354.425T - 2.325 \times 10^{-3}T^2 - 4.028 \times 10^5 T^{-1} + 3.383 \times 10^7 T^{-2}$$

（$H_2$-$O_2$ 燃料电池标准的 $\Delta G^{\ominus}$ 变化：生成的水是液体时，LHV 基准）燃料电池必须同时要满足以下功能：①物质、能量平衡，从电池外部提供的燃料和氧化剂（空气），在发电的同时连续地排出生成水和二氧化碳等气体，即所谓的物质移动-供给功能；②燃料电池的基本结构，为了防止易燃、易爆有危险的燃料和氧化剂混合、泄漏，应有分离、密封功能，为了分离燃料和氧化剂两种物料，需要有隔离机能，平板型、圆筒型电池和电堆的结构具有这种功能；③电联结，各电池在低损失时应有联结已发生电力的输出功能和燃料电池的直流电转变成交流电的功能；④热平衡，为了保持燃料电池一定温度，需要具有温度控制和冷却功能以及利用联合发电的排热功能；⑤适用的燃料，在燃料电池的电极反应上，供给的燃料能变换成富氢气燃料的改质功能；⑥最优化，为使气态燃料和氧化剂发生很好的电极反应，电极应有一定功能。保持良好电池特性的三相界面的多孔质电极结构和催化剂、温度、压力影响以及电池内浓度变化和电池特性的最佳化。

**表 4-2 各种燃料电池的种类与特征比较**

| 项　目 | | AFC | PAFC | MCFC | SOFC | PEMFC |
|---|---|---|---|---|---|---|
| 电解质 | 电解质 | 氢氧化钾 | 磷酸 | 碳酸锂($Li_2CO_3$)碳酸钠($Na_2CO_3$) | 稳定的氧化锆($ZrO_2+Y_2O_3$) | 离子交换膜 |
| | 导电离子 | $OH^-$ | $H^+$ | $CO_3^{2-}$ | $O^{2-}$ | $H^+$ |
| | 比电阻/$\Omega\cdot cm$ | 约1 | 约1 | 约1 | 约1 | 约20 |
| | 工作温度/℃ | 50~150 | 190~200 | 600~700 | 约1000 | 80~100 |
| | 腐蚀性 | 中 | 强 | 强 | — | 中 |
| | 使用形态 | 基片浸渍 | 基片浸渍 | 基片浸渍或糊状 | 薄膜状 | 膜 |
| 电极 | 催化剂 | 镍、银类 | 铂类 | 不需要 | 不需要 | 铂类 |
| | 燃料极 | $H_2+2OH^- \rightarrow 2H_2O+2e^-$ | $H_2 \rightarrow 2H^++2e^-$ | $H_2+CO_3^{2-} \rightarrow H_2O+CO_2+2e^-$ | $H_2+O^{2-} \rightarrow H_2O+2e^-$ | $H_2 \rightarrow 2H^++2e^-$ |
| | 空气极 | $1/2O_2+H_2O +2e^- \rightarrow 2OH^-$ | $1/2O_2+2H^+ +2e^- \rightarrow H_2O$ | $1/2O_2+CO_2+ 2e^- \rightarrow CO_3^{2-}$ | $1/2O_2+2e^- \rightarrow O^{2-}$ | $1/2O_2+2H^+ +2e^- \rightarrow H_2O$ |
| 燃料(反应物) | | 纯氢(不能含$CO_2$) | 氢(可含$CO_2$) | 氢、一氧化碳 | 氢、一氧化碳 | 氢(可含$CO_2$) |

燃料电池的分类可从用途、使用燃料和工作温度等来区分，但一般从电解质的种类来分类，燃料电池的分类与特征见表 4-2 所列。它们的部分结构材料区别见表 4-3 所列。

表 **4-3** 各种燃料电池的结构材料

| | 部件 | PAFC | MCFC | SOFC | PEFC |
|---|---|---|---|---|---|
| 电解质 | 电解质 | 磷酸 $(H_3PO_4)$ | 碳酸锂 $(Li_2CO_3)$ 碳酸钠 $(Na_2CO_3)$ | 稳定的氧化锆 (YSZ) $(ZrO_2+Y_2O_3)$ | 离子交换膜(特别是阳离子交换膜)全氟磺酸膜 |
| | 基片 | SiC | $\gamma$-LiCO$_3$粉末增强纤维(Al$_2$O$_3$) | — | — |
| 电极 | 燃料极 | 多孔碳板碳载铂+PTFE | Ni-AlCr | Ni-YsZ 金属陶瓷 | 多孔碳板碳载铂+PTFE |
| | 空气极 | 多孔碳板碳载铂+PTFE | NiO+碱基稀土族元素 | La$_{1-x}$Sr$_x$MnO$_3$ $(x=0.1\sim0.15)$ | 多孔碳板Pt催化剂+PTFE |
| 构成材料等 | | 隔膜板碳板 | 隔膜板 SUS310S/Ni覆盖层 SUS310+Al涂层 SUS316L | 双极联结板: LaCr$_{1-x}$Mg$_x$O$_3$ 载体: 氧化钙稳定的氧化锆 | 隔膜板碳板 |

各种燃料电池反应中相关离子的不同，反应式也就各不相同，反应式见表 4-4 所列。

表 **4-4** 各种燃料电池的反应式

| 类型 | 燃料极 | 空气极 | 总反应 |
|---|---|---|---|
| PAFC | $H_2 \longrightarrow 2H^+ + 2e^-$ | $1/2O_2 + 2H^+ + 2e^- \longrightarrow H_2O$ | $H_2 + 1/2O_2 \longrightarrow H_2O$ |
| PEMFC | $H_2 \longrightarrow 2H^+ + 2e^-$ | $1/2O_2 + 2H^+ + 2e^- \longrightarrow H_2O$ | $H_2 + 1/2O_2 \longrightarrow H_2O$ |
| MCFC | $H_2 + CO_3^{2-} \longrightarrow CO_2 + H_2O + 2e^-$ CO转化反应由 $CO + H_2O \longrightarrow H_2 + CO_2$产生氢气 | $1/2O_2 + CO_2 + 2e^- \longrightarrow 1/2CO_3^{2-}$ | $H_2 + 1/2O_2 \longrightarrow H_2O$ |
| SOFC | $H_2 + O^{2-} \longrightarrow H_2O + 2e^-$ 或$CO + O^{2-} \longrightarrow CO_2 + 2e^-$ | $1/2O_2 + 2e^- \longrightarrow O^{2-}$ $1/2O_2 + 2e^- \longrightarrow O^{2-}$ | $H_2 + 1/2O_2 \longrightarrow H_2O$ $CO + 1/2O_2 \longrightarrow CO_2$ |

# 4.2 碱性燃料电池材料基础与应用

碱性燃料电池（AFC）电池堆是由一定大小的电极面积、一定数量的单电池层压在一起，或用端板固定在一起而成。根据电解液的不同主要分为自由电解液型和担载型。用于宇宙航天燃料电池的例子如阿波罗宇宙飞船（1918～1972 年）的自由电解液型 PC3A-2 电池和宇宙飞船（1981 年）的担载型 PC17-C 电池。担载型与 PAFC 同样，都是用石棉等多孔质体来浸渍保持电解液，为了在运转条件变动时，可以调节电解液的增减量，这种形状的电池堆，安装了储槽和冷却板。作为宇宙飞船电源的 PC17-C 中，每 2 个电池就安装了一片冷却板。自由电解液型具有电解液在燃料极和空气极之间流动的特征，电解液可以在电池堆外部进行冷却和蒸发水分。在构造方面，虽然不需要在电池堆内部装冷却板和电解液储槽，但是由于需要将电解液注入到各个单电池内，因此要有共用的电解液通道。如果通道中电解液流失，则会降低功率，影响寿命。燃料极催化剂，除了使用铂、钯之外，还有碳载铂或雷尼镍。作为空气极的催化剂，高功率输出时需要采用金、铂、银，实际应用时一般采用表面积大、耐腐蚀性好的乙炔炭黑或碳等载铂或银。电极极一般采用聚砜和聚丙烯等合成树脂。

AFC 一般使用石棉作为隔膜材料。石棉具有致癌作用，为了寻求替代材料，有的科学工作者研究了聚苯硫醚（PPS）、聚四氟乙烯（PTFE）以及聚砜（PSF）等材料替代石棉的可能性质，它们都有允许液体穿透而有效阻止气体通过的特点，具有较好的抗腐蚀性和较小的电阻。另外，Zirfon（85% $ZrO_2$，15% PSF，质量比）在 KOH 溶液中的电阻特性实验证实该材料优于石棉。

AFC 中，空气作为氧化剂时，$CO_2$ 对电池性能有不利影响，制约着 AFC 应用于交通工具。一般采用以下方法解决这个问题：①吸收 $CO_2$，即使用钠钙通过化学吸收加以消除，这种方法原理简单，但需要不断更换吸收剂，并不实用；②分子筛选，通过温度摆动、压力摆动和气体清洗实现筛选，这种方法会降低 AFC 的总效率；③电化学法除去 $CO_2$，这种方法简单易行，无须增加任何辅助设备；④使用液态氢，液态氢是一种在低温下（20K）有效的储氢方式，但效率只有 70%，这种方法使用很少；⑤循环电解液的方法，通过更新电解液，将电解液中生成的碳酸盐去除，并不断添加作为载流子的 $OH^-$，减弱了碳酸盐析出对电极的机械破坏，此方法的缺陷是增加了 AFC 的复杂性；⑥发展新的电极制备方法，当电极采用特殊方法制备时，可以在 $CO_2$ 含量较高的条件下正常运行而不受毒化。在电极制备中，催化剂材料与 PTFE 细颗粒在高速下混合，粒径小于 $1\mu m$ 的 PTFE 小颗粒覆盖在催化剂表面，增加了电极强度，同时也避免了电极被电解液完全淹没，减小了碳酸盐析出堵塞微孔及对电极造成机械损害的可能性，此外，还允许气体进入电极在发生电化学反应的区域形成一个三相区。也有人提出了过滤法，通过控制 PTFE 的含量和碾磨时间来优化电极的性能。

# 4.3 磷酸盐燃料电池材料基础与应用

磷酸盐燃料电池（PAFC）是以磷酸为电解质，在 200℃左右下工作的燃料电池。PAFC 也是第一代燃料电池技术，是目前最为成熟的应用技术，已经进入了商业化应用和批量生产。磷酸盐燃料电池的特征是：①排气清洁；②发电效率高；③低噪声、低振动。PAFC 的电化学反应中，氢离子在高浓度的磷酸电解质中移动，电子在外部电路流动，电流和电压以直流形式输出。单电池的理论电压在 190℃ 时是 1.14V，但在输出电流时会产生欧姆极化，因此，实际运行时电压是 $0.6\sim0.8V$ 的水平。PAFC 的电解质是酸性，不存在像 AFC 那样由 $CO_2$ 造成的电解质变质，其重要特征是可以使用化石燃料重整得到的含有 $CO_2$ 的气体。由于可采用水冷却方式，排出的热量可以用作空调的冷-暖风以及热水供应，具有较高的综合效率。值得注意的是在 PAFC 中，为了促进电极反应，使用了贵金属铂催化剂，为了防止铂催化剂中毒，必须把燃料气体中的硫化合物及一氧化碳的浓度必须降低到 1% 以下。磷酸盐燃料电池材料的研究中，有人在对氧化还原发应的电催化剂研究过程中发现了 Fe、Co 对 Pt 的锚定效应。

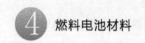 

## 4.4 熔融碳酸盐燃料电池材料基础与应用

熔融碳酸盐燃料电池（MCFC）是由多孔陶瓷阴极、多孔陶瓷电解质隔膜、多孔金属阳极、金属极板构成的燃料电池。其电解质是熔融态碳酸盐。反应原理可以用公式表达如下。

$$阴极：\quad O_2 + 2CO_2 + 4e^- \longrightarrow 2CO_3^{2-}$$

$$阳极：\quad 2H_2 + 2CO_3^{2-} \longrightarrow 2CO_2 + 2H_2O + 4e^-$$

$$总反应：\quad O_2 + 2H_2 \longrightarrow 2H_2O$$

熔融碳酸盐燃料电池是一种高温电池（600～700℃），具有效率高（高于40%）、噪声低、无污染、燃料多样化（氢气、煤气、天然气和生物燃料等）、余热利用价值高和电池构造材料价廉等诸多优点，是21世纪的绿色电站。MCFC的基本组成和PAFC相同，主要由燃料极、空气极、隔膜和双极板组成。

有人开发的该类电池关键材料中，以孔陶瓷板材料$\gamma$-LiAlO$_2$作为电解质支持体，其厚度为0.8mm，孔径分布0.1～0.8mm，孔径分布0.1～0.8$\mu$m，孔隙率50%；阴极采用多孔板Ni，厚度为0.8mm，平均孔径为12$\mu$m，孔隙率55%；阳极采用多孔板Ni，厚度为0.8mm，平均孔径为8$\mu$m，孔隙率50%，电池的开路电压达到1.10V，工作时输出电压为0.65～0.70V，输出功率5～10W；在MCFC多孔阴极结构及其新材料的研究中，有的学者以Li-Na碳酸盐电解质代替传统的Li-K体系或用碱土元素对NiO阴极进行改性，能够显著降低镍在电解质中的溶解性。所开发的LiCoO$_2$和LiFeO$_2$-LiCoO$_2$-NiO复合物等新型阴极材料具有与NiO相当的电化学活性而较低的溶解性。作为一种新型结构技术，在阴极和电解质隔膜之间或在电解质隔膜中，设置一层金属膜，能够有效阻断阴极溶解组分向阳极的扩散，避免电池内部短路危险，延长电池寿命。

从材料学的观点出发，由于腐蚀性及蒸发性电解液的存在，以及650℃高温所引起的高压，熔融碳酸盐燃料电池系统中存在许多问题。加入稀土金属作为材料添加剂基本上可以提高材料的蠕变阻力、耐腐蚀性以及耐高温性能。然而，稀土在提高熔融碳酸盐燃料电池的性能方面却远不如在固体氧化物燃料电池方面奏效。有的学者发现：将低浓度稀土加入到原来不含有稀土的材料中，可能在某种程度上提高这些材料的稳定性，同时还可能提高熔融碳酸盐燃料电池的电流效率。附加了氧化镧的阴极材料已经成为一种主要的替代材料以降低传统氧化镍阴极材料的溶解。铈与镧在理论上都具有提高阳极电极材料稳定性的可能，两者都可以用于提高重整催化剂稳定性的添加剂材料。将氧化镧添加到电解液中来降低阴极的溶解已在实践中获得了满意的效果。铈基陶瓷材料被认为是理想的涂层材料，人们认为它们有助于防止离析器的腐蚀。但是针对表现出长期稳定性及低电导率的材料的研究需要一步深入及完善。

# 4.5 固体氧化物燃料电池材料基础与应用

固体氧化物燃料电池（SOFC）是一种采用氧化锆等氧化物作为固体电解质的高温燃料电池。工作温度在 $800\sim1000℃$ 范围内。反应的标准理论电压值是 $0.912V$（$1027℃$），SOFC 主要分为管式和平板式两种结构。图 4-2 所示的是 SWP 公司开发的管式 SOFC 电池结构。研究开发固体氧化物燃料电池的意义在于电力需求、环境考虑、国家安全和电力可靠性等方面，而其应用前景在于固定电站、交通运输、军事应用。SOFC 电池材料主要有电解质材料、燃料极材料、空气极材料和双极联结材料，分述如下。

**(1) 电解质材料** SOFC 电解质材料应具备高温氧化-还原气体中稳定、氧离子电导性高、价格便宜、来源丰富、容易加工成薄膜且无害的特点。YSZ（yttria stabilized zirconia）被广泛地用作电解质材料。在

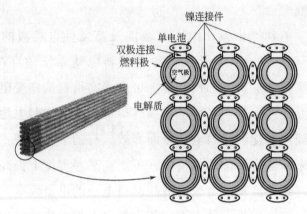

图 4-2　SWP 公司管式 SOFC 电池结构

YSZ 中，钇离子置换了氧化锆中的锆离子，使结构发生变化，由于氧离子的迁移而产生了离子电导性。对于氧化铈（$CeO_2$）取代氧化锆形成的氧化物与 YSZ 相比，空气极-电解质界面的电压下降更缓慢，但存在着电导性和离子电导性较高、在还原气体中容易脱氧和产生体积膨胀等缺点。此外，$La_x Sr_{1-x} Ca_y Mg_z Co_{1-y-z} O_3$ 等钙钛矿型的复合氧化物离子电导性高于 YSZ。为了实现低温化工作，又开发了低于 1000℃ 工作的电解质材料。但是，由于这些复合氧化物含有较多的元素，化学组成复杂，要用于制造 SOFC 电池堆还存在很多需要解决的问题。

**(2) 燃料极材料**　作为燃料极材料应该满足电子导电性高、高温氧化-还原气氛中稳定、热膨胀性好，与电解质相容性好、易加工等要求。符合上述条件的首先材料是金属镍，在高温气体中镍的热膨胀系数为 $10.3 \times 10^{-6} K^{-1}$，和 YSZ 的 $10 \times 10^{-6} K^{-1}$ 非常接近。燃料极材料通常使用镍粉、YSZ 或者氧化锆粉末制成的合金，与单独使用镍粉制成的多孔质电极相比，合金可以有效地防止高温下镍粒子烧结成大颗粒的现象。

**(3) 空气极材料**　作为空气极材料也应该满足燃料极材料的基本要求。镧系钙钛矿型复合氧化物是比较好的选择。实际中常用于 SOFC 空气极材料有钴酸镧（$LaCoO_3$）和掺杂锶的锰酸镧（$La_{1-x} Sr_x MnO_3$）。前者有良好的电子传导性，1000℃ 时电导率为 150S/cm，约是后者的 3 倍，但是，热膨胀系数为 $23.7 \times 10^{-6} K^{-1}$，远远大于 YSZ。后者的电子传导性虽然不如前者，但热膨胀系数为 $10.5 \times 10^{-6} K^{-1}$，与 YSZ 基本一致。

**(4) 双极联结材料** 由于双极联结件位于空气极和燃料极之间，所以，无论在还原气氛还是在氧化气氛中都必须具备化学稳定性和良好的电子传导性。此外，其热膨胀系数必须与空气极和燃料极材料的热膨胀系数相近。双极联结件材料多使用钴酸镧或掺杂锶的锰酸镧。随着低温 SOFC 的研究和平板式 SOFC 制作技术的进步，正在研发金属来制造双极联结件。

目前在 SOFC 电池材料研究中面临的问题主要集中在以下几方面。①单电池材料。单电池由阴极、电解质和阳极组成。传统的阴极材料是钙钛矿结构（$ABO_3$）的 $La_x Sr_{1-x} MnO_3$（LSM）。除 Sr 以外，其他 A 或 B 位置的掺杂元素也有广泛的研究。在中低温情况下，这类材料表现出电化学活性不足、电阻过高、缺乏离子导电性以及可能与电解质材料反应生成高电阻相等缺陷。目前，研究者们正在寻找其他具有更高混合导电性和电化学活性的钙钛矿结构的材料以取代 LSM，如 $La_x Sr_{1-x} FeO_3$（LSF）、$La_x Sr_{1-x} Fe_y Co_{1-y} O_3$（LSFC），或以其他稀土元素取代 La。另一个值得研究的方向是考虑采用贵金属作为阴极材料。电解质材料中 YSZ 在温度降低到 $600 \sim 800 ℃$ 的范围内时其离子导电性明显降低，细化 YSZ 的晶粒可以使得其电阻降低几个数量级。除 YSZ 和 $CeO_2$ 掺杂以外，Gd、Sr、Sc 等的掺杂的材料也在研究中。阳极材料方面，所面临的问题是对抗硫性和抗氧化-还原性，主流材料是 Ni 和 YSZ 混合而成的金属陶瓷，目前的研究方向是尽可能地降低燃料中的 S 含量和探索抗 S 的阳极材料。阳极性能与阳极材料组成和微观组织密切相关，不断研究新阳极材料，在电池结构设计的基础上，选择合理的制造工艺，优化电极的组成和微观组织结构，是高性能阳极研究的重要内容。②电堆材料，包括连接体材料、密封材料和界面材料。当 SOFC 在 $1000 ℃$ 高温工作时，连接体材料是 Sr 或其他元素掺杂的 $LaCrO_3$。由于材料的脆性使得其应用极为困难，而且成本极高，占电堆总成本的 $90\%$ 左右。对于目前正致力于开发的平板式 SOFC，金属材料是研究者们首先考虑的对象。连接体对金属材料的一般要求是抗氧化性、导电性、高温机械强度、热膨胀系数匹配以及与相接触材料之间的化学相容性等。含 Cr 的铁素体不锈钢和高温合金是最有希望的材料。虽然降低 SOFC 的主要动力之一是使用金属材料作为连接极材料，但是目前尚没有合适的金属连接极材料，存在的主要问题有：（a）不锈钢等合金材料 700～800℃下的抗氧化能力不足，随着氧化膜的增厚，接触电阻增加，这会影响 SOFC 的长期稳定性；（b）几乎所有已开发的金属连接极材料都是含铬的合金，铬蒸气的迁移会毒化阴极；（c）金属材料在氧化性气氛侧会与密封材料发生反应，会削弱界面强度，造成电池堆破坏。目前的研究主要集中在开发新的连接极材料，如不含铬的连接极材料，在金属连接极表面制备致密抗氧化导电涂层（如铬酸镧等）和金属抗氧化机理等方面。在电堆中，密封材料置于单电池和连接体之间，将燃料和氧化气氛限制在各自的空间里。最常用的密封材料有云母和玻璃（或玻璃陶瓷）。云母密封材料的缺点是：压缩性不足以很好地调节单电池和连接体表面平整度或尺寸的差异；成分复杂，在高温下有可能释放出对电极有害的元素或化合物。至于玻璃材料（其热膨胀系数可以通过成分调节以满足要求），在置于 SOFC 电堆时，往往是玻璃原料的混合物，在随后的电堆加热过程中，混合物反应生成所需要的玻璃密封。这就要求在选择玻璃成分时考虑到玻璃形成的热过程与电堆的升温过程相匹配。此外，玻璃材料的脆性、在长时间高温工作条件下微观组织和成分的不稳定性以及热循环性都是在设计玻璃密封时需要有所考虑的。一般说来，密封性能应该达到使燃料的漏气率在 0.7kPa 的压力差条件下低于 $1 \times 10^{-6} g/(cm \cdot s)$；在 10 次以上热循环后，漏气率仍维持在 $2 \times 10^{-6} g/(cm \cdot s)$ 的水平。平板式 SOFC 电堆是平面接触。电极和连接体是刚性极高的陶瓷和金属。为了使它们在压力下紧密接触，某种界面材料往往是必要的。对于界面材料的要求是透气性、可压缩性、导电性、化学稳定性、相容性和机械强度。在长时间工作的条件下还要求其微观组织稳定；在热循环过程中能够经受热胀冷缩，保持结构完整。

# 4.6 质子交换膜燃料电池材料基础与应用

质子交换膜燃料电池（PEMFC）又称固体高分子型燃料电池（polymer electrolyte fuel cell，PEFC）。其电解质是能导质子的固体高分子膜，工作温度为 80℃。PEMFC 与其他的燃料电池相比，不存在电解质泄露问题、可常温启动、启动时间短等问题，可以使用含 $CO_2$ 的气体作为燃料的特点。PEMFC 的电池单元由在固体高分子膜两侧分别涂有催化层而组装成三合一膜电极（MEA：membrane electrode assembly）、燃料侧双极板、空气侧双极板以及冷却板构成。为了得到较高的输出电压，必须将电池单元串联起来组成电池堆，在电池堆两端得到所需功率。质子交换膜燃料电池的关键材料包括电催化剂、电极、质子交换膜与双极板材料等。

**（1）质子交换膜又称离子交换膜** 在 PEMFC 中起着电解质作用，可以说它是 PEMFC 的心脏部分。它不但起到防止氢气与氧气直接接触的屏障作用，还起着防止燃料极和空气极直接接触造成短路作用，是一种电的绝缘体。通常使用的质子交换膜是一种全氟磺酸基聚合物，在缺水的情况下，氢离子的传导性显著下降，所以，保持膜的适度湿润性非常重要。目前，已商品化的高分子膜有 Nafion 膜、Flemion 膜和 Aciplex 膜等，它们仅是侧基的结构不同而已。值得强调的是：膜的机械强度随着含水率的升高，离子交换基浓度的提高以及温度的增加会降低，虽然膜越薄越有利于减小阻力，但是气体的透过量与膜的厚度成反比。有研究提出催化层中掺杂 Nafion 聚合物的亲水电极比传统的催化层中掺杂 PTFE 的疏水电极性能有了较大的提高，不同种类质子交换膜对 MEA 的性能影响很大，Nafion 112 和 Dow 膜是目前比较适宜的质子交换膜。采用石墨类碳纸的电极性能高于采用碳纤维类碳纸的电极，电极催化层中 Nafion 聚合物的最佳含量比为 30% 左右。科研工作者发明了制备一种质子交换膜燃料电池核心组件的制作方法：先在具有质子传导能力的磺酸型阴离子聚合物的水溶液中化学还原催化剂的前驱体盐得到离子修饰的纳米催化剂颗粒，然后采用涂刷、喷墨打印或转印的方法将离子修饰的纳米催化剂颗粒转移到质子交换膜上；或将离子修饰的纳米催化剂与乙二醇充分混合，然后采用涂刷、转印的方法转移到质子交换膜上；或者先在质子交换膜表面静电自组装阳离子聚合物，然后将经阳离子聚合物处理的质子交换膜浸入到离子修饰的纳米催化剂的水分散液中自组装离子修饰的纳米催化剂，从而得到质子交换膜燃料电池用核心组件。

**(2) 催化剂是 PEMFC 的另一个关键材料** 它的电化学活性高低对电池电压的输出功率大小起着决定性作用。由于工作温度比较低，燃料气中的 CO 会毒化贵金属催化剂。为了防止 CO 中毒，燃料极常使用铂/钌催化剂，空气极则使用以铂金属为主体的催化剂。双极板具有分离空气与燃料气体，并提供气体通道、迅速排出生成水的作用。如果生成水滞留在气体的通道上，就会影响反应气体的输送能力。因此，为了迅速排出积累的水，需在提高反应气体的压力、设计流道的形状、通道结构等方面引起重视。双极板的材料要求具有耐腐蚀性、导电性好、接触阻力小、重量轻以及价格低廉等特点。目前，除了广泛采用的碳材料外，还使用耐腐蚀的金属材料。但是固体高分子膜是一种带有酸性基团的聚合物，双极板要在氧化与还原环境下工作，因而对金属表面必须进行镀金或进行其他的特殊处理。

**(3) 双极板是质子交换膜燃料电池的核心部件之一** 它具有隔绝反应气体、传导电流和提供反应气体通道等功能。目前，如何降低双极板的成本已经成为该燃料电池产业化最关键的因素。有的学者以高分子预聚物为胶黏剂，天然或人造石墨为导电骨料，通过模压一次成型制备质子交换膜燃料电池双极板。

# 4.7 直接甲醇燃料电池材料基础与应用

直接甲醇燃料电池（Direct Methanol Fuel Cell，DMFC）是直接利

用甲醇水溶液作为燃料，氧气或空气作为氧化剂的一种燃料电池。DMFC 也是一种质子交换膜燃料电池，其电池结构与质子交换膜燃料电池相似，只是阳极侧使用的燃料不同。通常的质子交换膜燃料电池使用氢气为燃料，称之为氢燃料电池，质子交换膜燃料电池使用甲醇为燃料，称之为甲醇燃料电池。甲醇和水通过阳极扩散层至阳极催化剂层（即电化学活性反应区域），发生电化学氧化反应，生成二氧化碳、质子以及电子。质子在电场作用下通过电解质膜迁移到阴极催化剂层，与通过阴极扩散层扩散而至的氧气反应生成水。DMFC 具有储运方便的特点，是一种最容易产业化、商业化的燃料电池。

DMFC 的组成与 PEMFC 一样，其电池单元由三合一膜电极、燃料侧双极板、空气侧双极板以及冷却板构成。为了得到较高的输出电压，必须将电池单元串联起来组成电池堆，在电池堆两端得到所需功率。与 PEMFC 类似，DMFC 的关键材料主要有质子交换膜、催化剂和双极板。

双极板的材质与 PEMFC 类似，一般采用碳材料或金属材料，但是催化剂和质子交换膜与 PEMFC 有所不同。实际的 DMFC 工作中，甲醇分子氧化成二氧化碳并不是一步完成，要经过中间产物甲醛、甲酸、一氧化碳。催化剂铂对一氧化碳具有很强的吸附力，紧紧吸附在铂上的一氧化碳会大大降低铂的催化活性，造成电池性能劣化。为了防止催化剂中毒，阳极电催化剂一般采用二元或多元催化剂，如催化剂 Pt-Ru/C 等。氧化物的形成可以在铂的表面与水反应生成提供活性氧的中间体，这些中间体能促使 Pt-CHO 反应生成二氧化碳，改善 Pt 的催化性能，从而达到促进 Pt 催化氧化甲醇的目的。

与 PEMFC 不同，Nafion 膜用于 DMFC 时，存在甲醇渗透现象。甲醇与水混溶，在扩散和电渗作用下，会伴随水分子从阳极泄漏到阴极致使开路电压大大降低，电池性能显著降低。为防止甲醇的渗透，有改性 Nafion 膜的方法，来提高膜的抗甲醇渗透性。如 Nafion-$SiO_2$ 复合膜、Nafion-PTFE 复合膜等，也有采用研制新型质子交换膜来取代现有的 Nafion 膜，如无氟芳杂环聚合物聚苯并咪唑、聚芳醚酮磺酸膜、

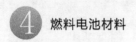 

聚酰亚胺磺酸膜等。

可以说 DMFC 是最容易走向实用化的一种燃料电池。虽然近年来国内外出现了大量 DMFC 样机，但还未真正实现产业化和商业化。使用寿命短、低温启动难等尚未解决的技术问题严重地阻碍了其推广进程。研制出对甲醇氧化具有高的电催化活性和抗氧化中间物 CO 毒化的阳极催化剂、抗甲醇渗透的质子交换膜会加快 DMFC 的实用化、产业化的速度。

# 4.8 其他类型的燃料电池

此外，直接肼燃料电池、直接二甲醚燃料电池、直接乙醇燃料电池、直接甲酸燃料电池、直接乙二醇燃料电池、直接丙二醇燃料电池、利用微生物发酵的生物燃料电池、采用 MEMS 技术的燃料电池也在研究之中，相关材料也在开发中。

# 参 考 文 献

[1] Park Sehkyu, Popov B N. Effect of cathode GDL characteristics on mass transport in PEM fuel cells. 2009, 88 (11): 2068-2073.

[2] Oliver van Rheinberg, Klaus Lucka, Heinrich Köhne, et al. Selective removal of sulphur in liquid fuels for fuel cell applications. Fuel, 2008, 87 (13-14): 2988-2996.

[3] Zhang Xuejun, Shen Zengmin. Carbon fiber paper for fuel cell electrode. Fuel, 2002, 81 (17): 2199-2201.

[4] Hatanaka Tatsuya, Hasegawa Naoki, Kamiya Atsushi. Cell performances of direct methanol fuel cells with grafted membranes. Fuel, 2002, 81 (17): 2173-2176.

[5] Qi Aidu, Peppley Brant, Karan Kunal. Integrated fuel processors for fuel cell application: A review. Fuel Processing Technology, 2007, 88 (1): 3-22.

[6] Andújar J M, Segura F. Fuel cells: History and updating. A walk along two centuries. Renewable and Sustainable Energy Reviews, 2009, 13 (9): 2309-2322.

[7] Siegel C. Review of computational heat and mass transfer modeling in polymer-electrolyte-membrane (PEM) fuel cells. Energy, 2008, 33 (9): 1331-1352.

[8] Sadik Kakaç, Anchasa Pramuanjaroenkij, Zhou Xiangyang. A review of numerical modeling of solid oxide fuel cells. International Journal of Hydrogen Energy, 2007, 32 (7): 761-786.

[9] Atilla Blylkoğlu. Review of proton exchange membrane fuel cell models. International Journal of Hydrogen Energy, 2005, 30 (11): 1181-1212.

[10] Chaurasia P B L, Ando Yuji, Tanaka Tadayoshi. Regenerative fuel cell with chemical reactions. Energy Conversion and Management, 2003, 44 (4): 611-628.

[11] Kjeang Erik, Djilali Ned, Sinton David. Microfluidic fuel cells: A review. Journal of Power Sources, 2009, 186 (2): 353-369.

[12] Paolo Agnolucci. Economics and market prospects of portable fuel cells. International Journal of Hydrogen Energy, 2007, 32 (17): 4319-4328.

[13] Gorte R J, Vohs J M. Nanostructured anodes for solid oxide fuel cells. Current Opinion in Colloid & Interface Science, 2009, 14 (4): 236-244.

[14] Kamaruzzaman Sopian, Wan Ramli Wan Daud. Challenges and future developments in proton exchange membrane fuel cells. Renewable Energy, 2006, 31 (5): 719-727.

[15] Xuan Jin, Leung Michael K H, Dennis Y C, et al. A review of biomass-derived fuel processors for fuel cell systems. Renewable and Sustainable Energy Reviews, 2009, 13 (6-7): 1301-1313.

[16] Dihrab S S, Sopian K, Alghoul M A, et al. Review of the membrane and bipolar plates materials for conventional and unitized regenerative fuel cells. Renewable and Sustainable Energy Reviews, 2009, 13 (6-7): 1663-1668.

# 5 太阳能电池材料基础与应用

## 5.1 概述

### 5.1.1 太阳能

太阳能是地球上所有可再生能源和非可再生能源的根本来源，并且太阳能取之不尽用之不竭。每年，到达地球大气外层的太阳能的总能量约为 $1.5 \times 10^{15}$ MW·h，其中，30%以短波形式被地球大气反射回太空，47%被大气、地球表面和海洋吸收，另外有23%参与了地球上的水温循环。太阳辐射主要的能量集中于从紫外到红外（对应波长为 $0.2 \sim 100 \mu m$）的范围，特别是其中波长在 $0.3 \sim 2.6 \mu m$ 范围内的太阳辐射，占据了太阳能95%以上的能量。另外，由于大气的存在，对太阳的原始辐射起着一定的滤波作用，这使得到达地球表面的太阳光线在强度和频率分布上都与原始光线有着一定的差异。而这个差异对太阳能的利用特别是光伏效应的利用有着很重要的决定作用。

为了能够更好地考察地球表面接受的太阳能的情况，我们首先引入大气光学质量的概念（图5-1）。大气光学质量 $m$ 是用来计算日射经过大气长度的物理量，其定义为：以太阳位于天顶时光线从大气上界至某一水平面的距离为单位，从而进一步度量太阳位于其他位置时从大气上界至该水平面的单位数。同时，设定一个标准大气压（1atm）和温度为0℃时的海平面上太阳垂直入射时的大气光学质量为1。

将地心到大气上界及地表的距离使用同样的单位，并将其表示为 $R$ 和 $r$，于是我们有 $R - r = 1$。根据几何知识，我们可以得到在太阳高度

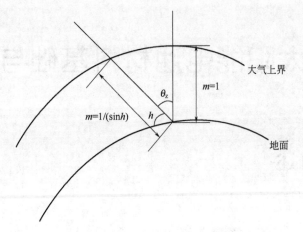

图 5-1　大气光学质量定义示意

角为 $h$ 时，大气光学质量的精确解为：

$$m = \sqrt{r^2\sin^2 h + 2r + 1} - r\sin h \qquad (5\text{-}1)$$

一般地，我们认为大气上界距离地表的高度为 1200km，而地球的平均直径为 6371.3km。所以我们可以得到大气质量近似的一个范围为：

$$m \approx \sqrt{11 + 25\sin^2 h} - 5\sin h < 3.32 \qquad (5\text{-}2)$$

但是，由于 $m$ 的值并不是非常精确，而且太阳高度角并不太小的情况下，我们采用近似的算法来计算大气光学质量：

$$m = \frac{1}{\sin h} \qquad (5\text{-}3)$$

事实上，在太阳能工程中，式(5-3) 使用在 $h \geqslant 30°$ 的情况下，其误差大概为 1%。但是，当 $h \leqslant 30°$ 时，则采用式(5-1) 进行计算，在代入经验数据到式(5-1) 后，其计算公式为：

$$m(h) = \sqrt{1229 + 376996\sin^2 h} - 614\sin h \qquad (5\text{-}4)$$

通常，当大气质量为 1 时，其对应的太阳辐射记为 AM1，其中

AM 是 air mass 的缩写。同理，大气上界的太阳辐射为 AM0。在太阳能工程中，地面上太阳能利用标准采用的是 AM1.5。图 5-2 给出了大气质量不同时对于太阳波长分布的影响分布。

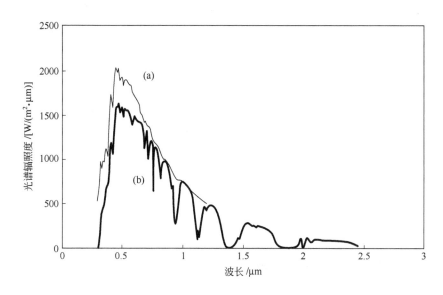

图 5-2　按波长分布的太阳辐射

（a）AM0；（b）AM1.5

太阳电磁辐射经过地球大气层进行衰减，这大多是由于大气层对日射的吸收和散射作用，之后太阳辐射才能到达地球表面。由于 X 射线（波长小于 1nm）和从短紫外线（波长范围 1～200nm）到中紫外线（波长范围 200～315nm）的短波辐射会受到超高层大气中的分子和臭氧的散射和吸收，所以到达地面的最短太阳辐射的波长为 300nm 左右。这些能量才是地球表面接受的太阳辐射，而目前的地面太阳能利用的也正是这部分能量。在各种对太阳能利用方法的研究中，太阳能电池（solar cells）是最重要和最前沿的。太阳能电池又叫做光伏电池（photovoltaic cells）。

今年来，由于受化石能源枯竭危机、环境问题日益严峻的影响，各个国家太阳能电池的利用率大大增加。根据 Maycock 的报告，从进入 21 世纪以来，光伏电池在世界范围的装机容量大幅度增加（图 5-3）。

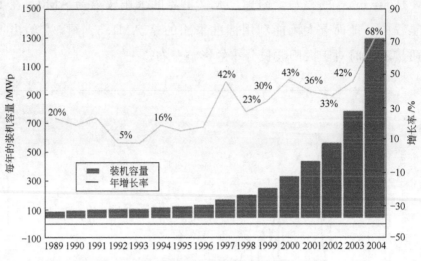

图 5-3　世界光伏产业装机容量增长示意

## 5.1.2　光伏效应与太阳能电池

在太阳能电池中，光伏能量转换的过程，一般都需要经历两个基本的步骤。首先，是通过对光的吸收，在光伏材料内部产生电子-空穴对（electron-hole pair）。然后，在第一个步骤中产生的电子-空穴对在光伏器件特殊结构的影响下分离，其中电子向负电极一端移动，同时，空穴向正电极方向移动，于是，在器件内部，便产生了电势能。

基于光伏效应，提出了图 5-4 所示等效电路的理想太阳能电池模型。从等效电路上来看，理想光伏电池就是在一个电源上并联一个整流二极管（rectifying diode），并且电路的伏安特性符合 Shockley 太阳能电池公式：

$$I = I_{ph} - I_0 (e^{\frac{qV}{k_B T}} - 1) \tag{5-5}$$

式中，$k_B$ 为 Boltzmann 常数；$T$ 为绝对温度；$q$ 为电子电量；$V$ 为电池在电极处的电压；$I_0$ 为当太阳能电池在黑暗处无法进行光电转换时，仅仅作为一个半导体整流二极管元件的饱和电流；$I_{ph}$ 为光生电流

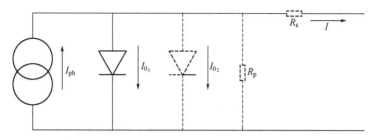

图 5-4 理想太阳能电池的等效电路，其中虚线
部分是非理想状态时等效电路

（photogenerated current），其大小与电池捕获的光子流量及光的波长
有关。

有趣的是，尽管一般说来，光生电流对外加电压是没有反应的，但
是在 a-Si 及其他薄膜材料的太阳能电池中，却有可能例外。

图 5-5(a) 即为公式(5-5) 所表示的伏安特性曲线。在理想状态下，
短路电流 $I_{sc}$ 应当等于光生电流 $I_{ph}$，而开路电压 $V_{oc}$ 则可由式(5-6)
求得：

$$V_{oc}=\frac{k_B T}{q}\ln\left(1+\frac{I_{ph}}{I_0}\right) \qquad (5\text{-}6)$$

同时，太阳能电池的功率 $P=IV$ 如图 5-5(b) 所示。当电池的电
流和电压变化到一定值时，可得到最大功率 $P_{max}$，这时的电流和电压
分别为 $I_m$ 和 $V_m$。在此，基于这些有特殊意义的值，我们定义光伏电池
的填充因子（fill factor，FF）如下：

$$FF=\frac{I_m V_m}{I_{sc} V_{oc}}=\frac{P_{max}}{I_{sc} V_{oc}} \qquad (5\text{-}7)$$

理想光伏条件下的填充因子一般被记为 $FF_0$。尽管不能使用解析式
进行精确表示，但是可以肯定的是，$FF_0$ 的大小与 $v_{oc}=\beta V_{oc}$（其中，
$\beta=1/k_B T$）的值有关。对于填充因子的一个近似程度非常高的经验表
达式为：

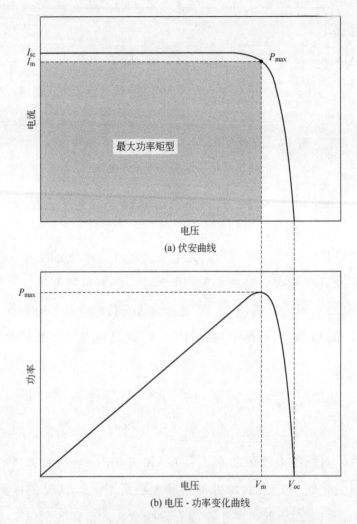

图 5-5　理想太阳能电池的伏安和电压-功率变化曲线

$$FF_0 = \frac{v_{oc} - \ln(v_{oc} + 0.72)}{v_{oc} + 1} \tag{5-8}$$

然而，在实际应用中，很多太阳能电池的光伏特性是不同于由式（5-5）给出的理想特性的。为了能够更好地拟合实验观测到的数据曲线，双二极管模型被广泛地使用。在太阳能电池中，也同时出现了串联电阻和并联电阻，于是光伏特性方程变为：

$$I = I_{ph} - I_{0_1}\left[\exp\left(\frac{V+IR_s}{k_BT}\right)-1\right] - I_{0_2}\left[\exp\left(\frac{V+IR_s}{2k_BT}\right)-1\right] - \frac{V+IR_s}{R_p}$$

$$(5-9)$$

其中，第二个二极管及并联和串联电阻对太阳能电池伏安特性曲线的影响，可参见图 5-6 和图 5-7。对于这些参数，更详细的信息可以从暗电特性（图 5-8）中获得。特别地，串联电阻对于填充因子的影响，可由式(5-10)求得：

$$FF = FF_0(1-r_s) \qquad (5-10)$$

式中，$r_s = R_s I_{sc}/V_{oc}$。

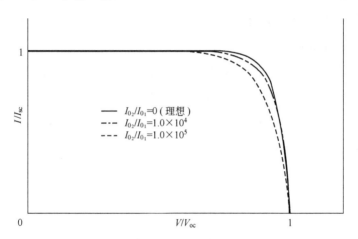

图 5-6 双二极管模型的太阳能电池伏安特性曲线

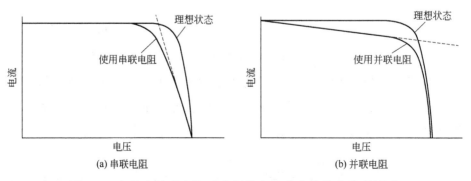

图 5-7 串联和并联电阻对太阳能电池伏安特性曲线的影响

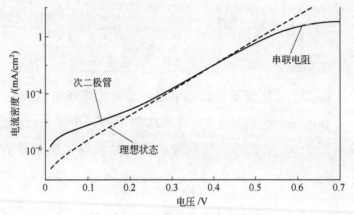

图 5-8　太阳能电池的暗电特性

除了考虑宏观上的电阻、二极管等电子元器件的影响，太阳能电池同时也要考虑微观尺度的量子效率（quantum efficiency）及频谱响应（spectral response）的作用。

太阳能电池的量子效率是指在给定波长的一个入射光子作用下，所产生的外电路中电子的数量。量子效率又可进一步细分为外部量子效率 EQE（λ）和内部量子效率 IQE（λ）。若内部量子效率可知，则整个的光生电流就可由式(5-11) 给出：

$$I_{ph} = q \int_{(\lambda)} \Phi(\lambda)[1-R(\lambda)] \text{IQE}(\lambda) \, d\lambda \qquad (5-11)$$

式中，$\Phi(\lambda)$ 为入射到太阳能电池中的波长为 λ 的光子流；$R(\lambda)$ 为电池顶部表面的反射系数，积分范围为所有可被电池吸收的光的波长。

一般地，在测试太阳能电池内部及外部量子效率性能时，都使用干涉滤光片（interference filter）或者单色仪（monochromatic）。

频谱响应则是指，将太阳能电池在单色仪下以给定波长的光进行照射，所产生的光电流，与同波长下的光谱辐照度的值的比。由于光子数和辐照度是相关联的，所以频谱响应可由量子效率来进行计算：

$$SR(\lambda) = \frac{q\lambda}{hc} QE(\lambda) = 0.808\lambda QE(\lambda) \qquad (5-12)$$

式中的量子效率根据具体测试情况，决定使用外部或者内部效率。

为提高太阳能电池对光的吸收作用，一般的电池表面都要加镀一层减反射膜（antireflection coating）。当光从空气中入射到暴露于空气中的硅时，材料的反射系数为：

$$R = \frac{(n-1)^2 + K}{(n+1)^2 + K} \tag{5-13}$$

式中，$n$ 为折射率；$K$ 为消光系数。

这两个参数都是真空中光的波长 $\lambda$ 的函数。消光系数还与材料的吸收系数有关：

$$K = \frac{\alpha\lambda}{4\pi n} \tag{5-14}$$

而太阳能电池主要的典型结构，基本分为了 p-n 结太阳能电池（p-n junction solar cell），异质结太阳能电池（heterojunction cell），p-i-n 结构电池（p-i-n structure cell）。其中，p-n 结电池是最常见的太阳能电池。在 p-n 结电池的运作过程中，费米能级（Fermi level）$E_F$ 分裂成为两个准费米能级（quasi-Fermi level）$E_{Fn}$ 和 $E_{Fp}$，每一个准费米能级都与电子和空穴相对应且相应的势能为 $\Phi_n = -q/E_{Fn}$ 和 $\Phi_p = -q/E_{Fp}$。在开式电路附近，准费米能级平行于结且梯度很小，它们的分裂等于在结处观测到的电压（图 5-9）。

使用光照或者在黑暗中施加偏压，结两侧静电位的差值 $\Delta\psi$ 是下面两项的差值：平衡时的固有电压 $V_{bi}$ 和结边缘处的电压 $V$，即：

$$\Delta\psi = V_{bi} - V \tag{5-15}$$

同时，固有电压又满足式（5-16）：

$$qV_{bi} = k_B T \ln\left(\frac{N_D N_A}{n_i^2}\right) \tag{5-16}$$

式中，$N_A$ 和 $N_D$ 分别是在结的 p 端和 n 端的受主与施主浓度。而结

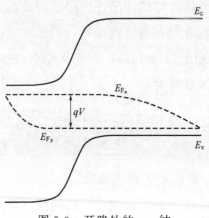

图 5-9　开路处的 p-n 结

宽 $W_j$ 则可由式（5-17）求出：

$$W_j = L_D \sqrt{\frac{2q\,\Delta\psi}{k_B T}} \qquad (5\text{-}17)$$

式中，$L_D$ 为德拜屏蔽距离（Debey length），

$$L_D = \frac{\sqrt{\varepsilon k_B T}}{q^2 N_B} \qquad (5\text{-}18)$$

在式（5-18）中，我们又引进了两个新的参数，其中参数 $\varepsilon$ 表示静介电常数，而 $N_B$ 则由式（5-19）给出：

$$N_B = \frac{N_A N_D}{N_A + N_D} \qquad (5\text{-}19)$$

与 p-n 结太阳能电池相比，异质结工艺更容易制备高效率的太阳能电池，由该方法制备的电池，有着具备很高的光吸收率的薄膜材料，并且在电池的前表面可以有效避免电子和空穴的重组。在异质结电池设计过程中，有个非常重要的地方需要考虑，那就是两个半导体界面的能带隙（band gap）校准。图 5-10 描述了在宽隙窗体 A 和吸收体 B 之间，典型异质结的平衡能带图。

如图 5-10 所示的能带突变 $\Delta E_c$ 和 $\Delta E_v$，可以被理解为是由于在界

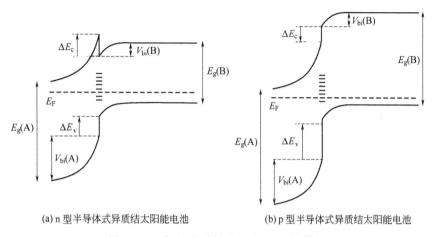

(a)n型半导体式异质结太阳能电池　　　　(b)p型半导体式异质结太阳能电池

图 5-10　典型异质结太阳能电池能带图

面处电子之间的亲和力及电子的偶极矩而产生的。比如，在导带边缘的突变，可以计算如下：

$$\Delta E_{c}=\chi_{B}-\chi_{A}+界面偶极项 \tag{5-20}$$

式中，$\chi_{A}$ 和 $\chi_{B}$ 分别为半导体 A 和 B 之间的亲和力。而根据经典的

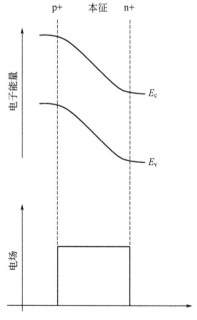

图 5-11　处于恒定电场中的理想 p-i-n 结非晶硅太阳能电池本征区域模型

Shockley-Anderson 模型，界面上的偶极项可以被忽略。

以上的两种电池都是建立在晶体的基础上的，而 p-i-n 结电池，则是对非晶硅太阳能电池理解的重点。由于电池内部存在的非线性机制，所以现在对该类电池的建模研究还仅仅停留在数值计算的水平上。对 p-i-n 结构的能带图如图 5-11 所示。

## 5.1.3　太阳能电池材料及应用

对太阳能电池材料的研究，也就是对可以进行光伏转换的半导体材料的研究。常用的太阳能电池用半导体材料的光伏性能列于表 5-1 和表 5-2 中。本节将通过对半导体材料的性能讨论以及建模，来深入对太阳能电池材料性质及工艺的理解。

**表 5-1　常用太阳能材料的性能参数**（$E_g$ 列，d 表示直接转变，i 表示间接转变；dia 表示金刚石结构，zb 表示闪锌矿结构，ch 表示黄铜矿结构）

| 项目 | $E_g$/eV | 晶体结构 | 吸光系数 | 折射率 | 电子亲和力/eV | 晶格常数/Å | 密度/(g/cm³) | 热膨胀系数/×10⁻⁶K | 熔点/K |
|---|---|---|---|---|---|---|---|---|---|
| c-Si | 1.12i | dia | 11.9 | 3.97 | 4.05 | 5.431 | 2.328 | 2.6 | 1687 |
| GaAs | 1.424d | zb | 13.18 | 3.90 | 4.07 | 5.653 | 5.32 | 6.03 | 1510 |
| InP | 1.35d | zb | 12.56 | 3.60 | 4.38 | 5.869 | 4.787 | 4.55 | 1340 |
| a-Si | 约1.8d | — | 约11 | 3.32 | — | — | — | — | — |
| CdTe | 1.45~1.5d | zb | 10.2 | 2.89 | 4.28 | 6.477 | 6.2 | 4.9 | 1365 |
| CuInSe₂ | 0.96~1.04d | ch | | | 4.58 | | | 6.6 | 约1600 |
| $Al_xGa_{1-x}$ $0\leq x \leq 0.45$ | $(1.274x+1.424)$d | zb | 13.18 $-3.12x$ | | 4.17 $-1.1x$ | 5.653 $+0.0078x$ | 5.36 $-1.6x$ | 6.4 $-1.2x$ | |
| $Al_xGa_{1-x}$ $0.45\leq x \leq 1$ | $(1.9+0.125x$ $+1.143x^2)$i | zb | | | 3.64 $-0.14x$ | | | | |

首先，我们要先从不同半导体的价带结构进行讨论，这将有助于我们选择合适的半导体材料，并且初步确定针对不同材料的太阳能电池制备工艺。同时，半导体材料中的能量带隙以及能带结构，又是对半导体的表征及太阳能电池研究的基础。能带的结构是波矢的函数，在低能量传输时，波矢的量级以及能带本身随温度的变化，是能带研究中最令人

表 **5-2** 常用薄膜电池材料的性能参数

| 材　料 | $E_g/eV$ | 折　射　率 | 电子亲和力 |
|---|---|---|---|
| CdS | 2.43 | 2.5 | 4.5 |
| ZnS | 3.58 | 2.4 | 3.9 |
| $Zn_{0.3}Cd_{0.7}S$ | 2.8 | — | 4.3 |
| ZnO | 3.3 | 2.02 | 4.35 |
| $In_2O_3:Sn$ | 3.7~4.4 | — | 4.5 |
| $SnO_2:F$ | 3.9~4.6 | — | 4.8 |

感兴趣的部分。

能带随温度的变化，最早由 Varshni 提出，其表达式可写为：

$$E_g(T) = E_{g0} - \frac{\alpha T^2}{T+\beta} \tag{5-21}$$

式中，$T$ 为绝对温度；$\alpha$ 和 $\beta$ 的值由表 5-3 给出。

表 **5-3** 式(5-21) 中的各个参数的数值

| 材　料 | $E_g(T=0K)/eV$ | $\alpha \times 10^{-4}/(eV/K^2)$ | $\beta/K$ |
|---|---|---|---|
| Si | 1.17 | 4.730 | 636 |
| GaAs | 1.52 | 5.405 | 204 |
| InP | 1.42 | 4.906 | 327 |

前面已经叙述过，由太阳能电池产生的电流，其实是由光线穿过带隙而转变生成的。而光线的转变方式，总的说来有两种：一种是直接转变（direct transitions），相对地另一种则是间接转变（indirect transition）。这两个的根本区别在于，直接转变时，最终的电子-空穴对非常的接近，其动量为零，而间接转变的最终电子-空穴对的动量为无穷大。在光的吸收能力上，间接转变一般被认为不如直接转变的效果好。

当在热力学平衡状态时，半导体器件不同位置间的温度和电化学势都相等。这时，产生的电子密度 $n$ 和空穴密度 $p$ 都与掺杂无关，并且遵循质量作用定律（mass-action law）：

$$np = n_i^2 = N_c N_v \exp\left(-\frac{E_g}{k_B T}\right) \tag{5-22}$$

式中，$n_i$是本征半导体的电子或者空穴浓度；状态 $N_c$ 和 $N_v$下的有效密度（effective density）$m_e$ 和 $m_h$ 分别由式（5-23）和式（5-24）进行计算：

$$N_c = 2\left(\frac{2\pi m_e k_B T}{h^2}\right)^{\frac{3}{2}} \tag{5-23}$$

$$N_v = 2\left(\frac{2\pi m_h k_B T}{h^2}\right)^{\frac{3}{2}} \tag{5-24}$$

但是对于太阳能半导体器件，式（5-22）的符合程度并不是太好，这是由于在实际电池中，各处的电化学势并不能保持相等，所以在不同的能带或者不同量子态下的光生电子也不相同，同时，电池内部各点之间也可能存在温度梯度，这就造成了电流在电池内部并不是均匀的。为解决这个问题，对太阳能电池的载流子计算，应该使用前述的准费米能级的方法。

产生的载流子需要进行迁移以形成电势，电子和空穴流的密度，可以由迁移方程给出：

$$\begin{cases} J_n = q\mu_n n E + q D_n \nabla n \\ J_p = q\mu_p p E - q D_p \nabla p \end{cases} \tag{5-25}$$

式中，$\mu_n$ 和 $\mu_p$ 分别为电子和空穴的迁移率；$D_n$ 和 $D_p$ 则分别为电子和空穴的扩散常数；$E$ 为电场。

公式的前一项是与电场有关的，而第二项则是载流子扩散的结果。基于准费米能级理论，式（5-25）可简化为：

$$\begin{cases} J_n = -q\mu_n n \nabla \phi_n \\ J_p = -q\mu_p n \nabla \phi_p \end{cases} \tag{5-26}$$

式（5-26）适合于包括位置相关的掺杂密度（position-dependent dopant concentration）在内的所有内部成分均一的半导体材料。

在弱场中，式（5-25）中的迁移率表示平均载流子速度与电场之间的比例。而迁移率的大小则依赖于带电杂质浓度和温度，并且多数载流子和少数载流子的迁移率也不相同。比如，对于硅材料，这个关系可以写为 Caughey-Thomas 形式：

$$\mu = \mu_{\min} + \frac{\mu_0}{1 + \left(\dfrac{N}{N_{\mathrm{ref}}}\right)^{\alpha}} \qquad (5\text{-}27)$$

式中的各个变化量，都列于表 5-4 和表 5-5 中。

表 **5-4** 硅材料多数载流子在式(**5-27**) 计算过程中的参数数值（$T_{\mathrm{n}} = T/300$）

| 项　目 | $\mu_{\min} = AT_{\mathrm{n}}^{-\beta_1}$ | | $\mu_0 = BT^{-\beta_2}$ | | $N_{\mathrm{ref}} = CT_{\mathrm{n}}^{\beta_3}$ | | $\alpha = DT_{\mathrm{n}}^{-\beta_4}$ | |
|---|---|---|---|---|---|---|---|---|
| | $A$ | $\beta_1$ | $B$ | $\beta_2$ | $C$ | $\beta_3$ | $D$ | $\beta_4$ |
| 电子 | 88 | 0.57 | $7.4 \times 10^8$ | 2.33 | $1.26 \times 10^{17}$ | 2.4 | 0.88 | 0.146 |
| 空穴 | 54.3 | | $1.36 \times 10^8$ | | $2.35 \times 10^{17}$ | | | |

表 **5-5** 硅材料少数载流子在式(**5-27**) 计算过程中的参数数值

| 项　目 | $\mu_{\min}$ | $\mu_0$ | $N_{\mathrm{ref}}$ | $\alpha$ |
|---|---|---|---|---|
| 电子 | 232 | 1180 | $8 \times 10^{16}$ | 0.9 |
| 空穴 | 130 | 370 | $8 \times 10^{17}$ | 1.25 |

而 GaAs 材料，相对于硅材料，具有过冲（overshoot）的特性，所以一般地，将 GaAs 材料建模为式(5-28)：

$$\mu_{\mathrm{n}} = \frac{\mu_{\mathrm{lf}} E + v_{\mathrm{sat}} (E/E_0)^{\beta}}{1 + (E/E_0)^{\beta}} \qquad (5\text{-}28)$$

$\mu_{\mathrm{lf}}$ 表示适当弱场的迁移率，$E_0 = 4 \times 10^3 \, \mathrm{V/cm}$，$\beta$ 对于电子为 4，而对于空穴则为 1，$v_{\mathrm{sat}}$ 是饱和速率，可由式(5-29) 计算：

$$v_{\mathrm{sat}} = 11.3 \times 10^6 - 1.2 \times 10^4 T \qquad (5\text{-}29)$$

式中，$T$ 为绝对温度，K。

在太阳能电池中，载流子的产生是依赖于对光线的吸收的。一般的，光生载流子由两种不同方式产生，一种为带间跃迁（band-to-band transitions），另一种为自由载流子吸收（free-carrier absorption）。

在讨论带间跃迁时，一般会先使用二维的平板模型（图 5-12），在

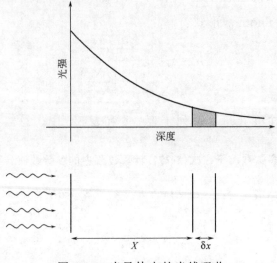

图 5-12　半导体中的光线吸收

这个模型中，光子进入平板的一定深度 $x$，并在厚度为 $\delta x$ 的薄层间产生数量为 $g(x)\delta x$ 的电子-空穴对。于是，该关系可以表示为：

$$g(x) = \alpha(\lambda)\exp[-\alpha(\lambda)x] \qquad (5\text{-}30)$$

式中，$\alpha(\lambda)$ 为吸收系数，其值可参考图 5-13。特殊地，对于最常用和最基础的硅电池，Rajkanan 等通过长期实验得到了吸收系数的经验表达式：

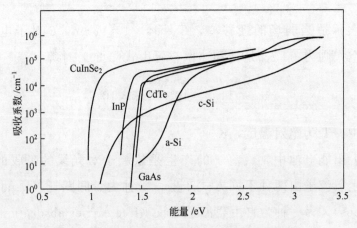

图 5-13　太阳能电池中不同材料的吸收系数

$$\alpha(T)=\sum_{\substack{i=1,2 \\ j=1,2}}C_iA_j\left\{\frac{[h\upsilon-E_{g_j}(T)+E_{p_i}]^2}{\exp(E_pkT)-1}+\frac{[h\upsilon-E_{g_j}(T)-E_{p_i}]^2}{1-\exp(-E_pkT)}\right\}+$$

$$A_d[h\upsilon-E_{gd}(t)]^{\frac{1}{2}} \tag{5-31}$$

式中，$h\upsilon$ 为光子能量；$E_{g_i}(0)=1.1557\mathrm{eV}$，$E_{g_i}(0)=2.5\mathrm{eV}$，$E_{gd}$ $(0)=3.2\mathrm{eV}$，分别是两个最低的间接带隙和一个最低直接带隙；而 $E_{p_i}=1.827\times10^{-2}\mathrm{eV}$ 和 $E_{p_i}=5.773\times10^{-2}\mathrm{eV}$ 分别是光的横波和声子的横波的 Debye 频率；另外，其他参数分别为 $C_1=5.5$，$C_2=4.0$，$A_1=$ $3.231\times10^2\mathrm{cm}^{-1}\mathrm{eV}^{-2}$，$A_2=7.237\times10^3\mathrm{cm}^{-1}\mathrm{eV}^{-2}$ 和 $A_d=1.052\times10^6$ $\mathrm{cm}^{-1}\mathrm{eV}^{-2}$。带隙随温度的变化则由前面的式（5-21）给出。

在高浓度的载流子区域，电子在同能带内的跃迁也可以导致光子的吸收。这种自由载流子吸收模式不能够产生电子-空穴对，并且与产生光生电流的带间跃迁呈竞争关系。所以，在光子能量接近带隙的时候，可能需要着重考虑自由载流子的吸收作用。图 5-14 给出了在能带边缘的高掺杂浓度区域内，由于自由载流子吸收所造成的不同现象。

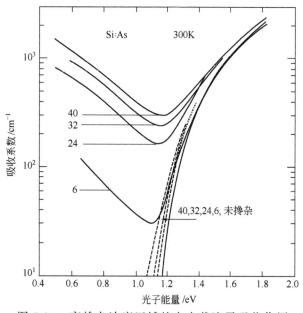

图 5-14　高掺杂浓度区域的自由载流子吸收作用

在 PC1D 模型中，如果存在自由载流子的影响，基于文献［28］，［29］中的实验数据，一般可将吸收系数的表达式写为：

$$\alpha_{FC} = K_1 n\lambda^a + K_2 p\lambda^b \tag{5-32}$$

式中的各个参数都可由实验测定，表 5-6 中给出了几种常见光伏材料的参数值。

表 5-6 式(5-32) 中不同材料的常数值

| 项 目 | $K_1$ | $a$ | $K_2$ | $b$ |
|---|---|---|---|---|
| Si | $2.6\times10^{-27}$ | 3 | $2.7\times10^{-24}$ | 2 |
| GaAs | $4\times10^{-29}$ | 3 | — | — |
| InP | $5\times10^{-27}$ | 2.5 | — | — |

通过以上的介绍，我们对太阳能电池的理论和模型有了初步的认识，同时，我们也可以看到，由于不同的太阳能光伏材料的性能迥异，所以太阳能电池也就有了非常多的种类。第一个太阳能电池是由贝尔实验室（Bell Lab）的 Chapin 于 1954 年制造的硅材料电池。当时，这个电池的效率就已经有 6％之多，而在很短的时间内，其效率就提升到了10％。但是由于昂贵的造价，当时的太阳能电池还只能应用在航天领域。

在 20 世纪 70 年代时，出现的熔融硅制备大颗粒多晶硅技术，有效地降低了之前的卓克拉尔斯基（Czochralski）单晶硅生长法的成本，从而为硅电池的广泛应用提供了条件。但是硅单质本身并不是非常理想的光伏转化材料。这是由于硅对太阳辐射的吸收效率比较低下的缘故。现在，更多的研究转向了有着直接能带结构的薄膜电池（thin-film cells）的研究上。第一个在此领域中出现的材料依然是硅单质，不过已由过去的晶体硅转变为了非晶硅（amorphous silicon）。该类电池的稳定效率可达 13％，而模块电池的效率也在 6％～8％之间。经过多年的发展，非晶硅太阳能电池在商业应用，特别是室内应用中有着非常稳固的市场份额。

除非晶硅外，还有很多种具有潜力的光伏材料，这些材料都有着很高的光吸收能力，并且适合制备薄膜电池。这些电池的一个特点就是都属于半导体元素的化合物，比如 GaAs 和 InP 都是在元素周期表中第Ⅲ和Ⅴ主族中的元素组成的化合物。在所有这些化合物材料中，研究最多的为 $CuInSe_2$（CIS）和 CdTe。对于 CIS，又衍生出了很多其他的三元半导体化合物，比如 $CuGaSe_2$、$CuInS_2$ 以及这些三元化合物的固溶物 $Cu(In,Ga)(S,Se)_2$，即 CIGS。目前，该类电池的实验室最高效率可达 18.9%。而 CdTe 电池则有着比较长的发展历史，现在其实验室效率有 16%，大面积模块电池也有 10%。

近年来，一些使用非半导体材料的太阳能电池也得到了不小的发展，这些电池中比较有代表性的有掺杂/掺和有机半导体（doped and blended organic semiconductors）及染料敏化太阳能电池（dye sensitized solar cell）。其中染料敏化太阳能电池在日本和澳大利亚都实现了大面积化，效率在 6% 左右，但是寿命和造价都是影响其发展的重要因素。

图 5-15 建筑物表面集成了太阳能电池的丰国产业大厦，日本广岛

从 1958 年，108 块太阳能电池为先锋 1 号（Vanguard 1）卫星提

供了能源以来，太阳能电池的应用领域变得越来越广泛。在欧洲、美国、日本（图 5-15）等国家和地区，政府为了促进太阳能电池的发展，先后都启用了很多支持项目，下面是几个比较大型的国家项目及其成果：德国 10 万屋顶计划（100000 Roof program），如图 5-16 所示；美国百万屋顶计划（1 Million Roof program），该计划同时还包括了热能系统；意大利屋顶计划（Roof top program）；瑞士及澳大利亚的太阳能项目。

图 5-16  使用光伏电池作为建筑外表面的弗劳恩霍夫
太阳能系统研究院办公楼，德国弗莱堡

# 5.2  太阳能电池材料基础及应用

## 5.2.1  晶体硅太阳能电池

晶体硅太阳能电池可以分为单晶硅太阳能电池和多晶硅太阳能电池。最初，制备太阳能电池所用的单晶硅，都是由卓克拉尔斯基单晶拉制法制备的。图 5-17 是卓克拉尔斯基法工艺示意。

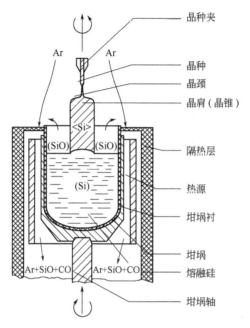

图 5-17  卓克拉尔斯基法工艺示意

多晶结构的材料则是将多晶硅置于石英坩埚中，再把石英坩埚置于石墨坩埚中，然后在稀有气体的保护下使用感应加热器进行加热熔化。然后，再向熔融液体中加入晶种，边旋转边缓慢提拉。不论是否晶种本身存在位错，在晶种置于熔融液中后，位错都会在晶种上产生。由于没有位错的晶体要远比存在位错的稳定，为了得到没有位错的结构，直径大约只有 3mm 的晶颈需要以每分钟几个毫米的速度生长。

现在，30cm 左右的半导体行业用晶体硅已经是司空见惯。而对于太阳能电池用晶体硅，则要小一些，这是由于一般使用的太阳能电池，其尺寸一般为 10cm×10cm 或者 15cm×15cm。所以圆形的晶体一般被加工成圆角的正方形，以便于组装成为大型的太阳能电池模块。

使用石英坩埚的原因，是由于熔融状态的硅几乎可以和任何材料发生反应，所以，坩埚的最好材料为二氧化硅，这样，二氧化硅与硅的反应产物一氧化硅，可以很轻易地从系统中挥发出去。尽管如此，使用卓克拉尔斯基法后，在硅晶体中，依然存在有每立方厘米 $10^{17} \sim 10^{18}$ 个填隙氧原子。

　　为解决这个问题，产生了一种改进了的晶体生长技术，这种方法为浮置区熔法（float zone method）。由该方法的工艺示意（图 5-18）可以看到，因为该方法不需要坩埚，所以所得晶体要比卓克拉尔斯基法纯净得多，但是同时其造价也比卓克拉尔斯基法高了许多。因此，浮区法到现在依然是只限于实验室或者公司的研发机构使用，在工业上没有太多利用价值。值得注意的是，现在绝大多数保持着最高光电转换效率的晶体硅（或其他晶体材料，如 TeCd）太阳能电池，都是那些使用了浮区法制备的材料的电池。

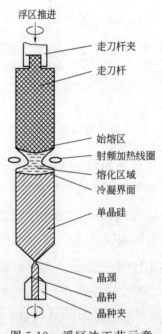

图 5-18　浮区法工艺示意

　　此外，在 20 世纪 70 年代，出现了一种非常重要的技术，那就是铸硅法，这个方法比提拉硅法节约了大量的成本。其基本的工艺过程如图 5-19 所示，控制冷却的速度，可以得到有着大晶粒结构的多晶硅。其中，晶粒尺寸从几个毫米到数厘米不等。然后，将所得到的多晶硅硅锭使用线切割（图 5-20），切割为硅晶片（Wafer）。铸造多晶硅只能用于太阳能电池应用，而无法应用于电子等其他行业领域的半导体器件中。

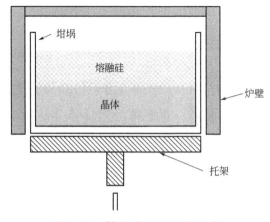

图 5-19 铸造多晶硅工艺示意

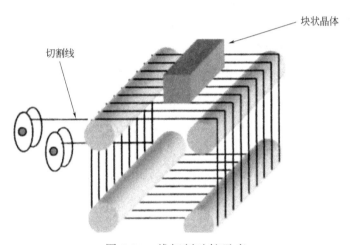

图 5-20 线切割硅锭示意

该晶体硅的造价比单晶硅要低，但是同时，所生产出的太阳能电池也比单晶硅太阳能电池的效率低。不过在电池的制备工艺上，铸造多晶硅由于是方形的，所以容易制备成为方块状的太阳能电池，这比提拉晶体硅要方便得多。

但是，由于在制备过程中，硅会与坩埚壁保持接触，所以不可避免地，在多晶硅锭的外表面，会有一层杂质的渗透层。而这层杂质渗透层，则会降低载流子的寿命，影响多晶硅制备成为的太阳能电池的效率。同时，由于杂质的存在，多晶硅会在一定方向上存在大量点缺陷和晶界。为了避免这样的情况，一般地，使用磷的化合物来除去可移动的杂质，而使用氢来除去惰性的不可移动的点缺陷。

常规的做法，是使用空穴型硅（p-type silicon）制备工业级的光伏系统。该工艺一般有如下几个步骤。

**(1) 制备 pn 或者 pp⁺ 结** 活性结（发射极）靠近前表面，而在背表面处使用 p 掺杂，以用来减小接触电阻并且减少表面复合的发生。发射结（即 n 掺杂）的制备使用磷的化合物，比如 $PH_3$ 或者 $POCl_3$。背表面则使用硼的化合物，比如 $BBr_3$。

**(2) 氧化** 对硅材料表面的氧化是非常重要的步骤，通常是将硅氧化为二氧化硅。这样的作用是：第一，可以减少表面作为电子空穴复合的中心；第二，在选区中二氧化硅可以作为扩散壁垒；第三，氧化层可以在深加工和模块组装过程中，对敏感表面提供力学和化学势的保护；第四，在空气中，氧化层还能起到一定的减反射作用。

**(3) 电接触** 实验室中主要使用真空蒸发沉积的方法，这样制备的电接触效果比较好。工业上则一般采用丝网印刷的方法。

**(4) 减反射技术** 通用的减反射技术分为两种。其中一种是将电池的表面织构化（图 5-21），该技术只能应用于单晶硅的〈100〉晶向。但是，若将单晶硅放入 70℃ 的 KOH 或者 NaOH 稀溶液中，则可将硅的〈111〉晶向处理为无序的金字塔形（图 5-22）。另一种方法，则是在电池表面沉积一层透明的增透物质。实际工业太阳能大型模块式电池中使用比较多的材料是二氧化钛。

现在，对晶态硅太阳能电池的研究，一般是集中在薄膜多晶硅太阳电池，微晶硅太阳电池还有高效率聚光硅太阳能电池上。

多晶硅被定义为内部晶粒尺寸分布在 $1\mu m \sim 1mm$ 区间的硅单质。并且整个材料内部的结晶率接近 100%，这意味着无序区域非常的薄，并且几乎没有晶界。而薄膜则被认为是厚度小于 $30\mu m$，特别是在 $3 \sim 10\mu m$ 的材料。出于技术和经济的双重考虑，最佳的晶体硅薄膜的厚度应该在 $10\mu m$ 甚至更低一点。而这样的多晶硅膜的生长，多是在一定的基体上完成的。生长的方法有很多种，比如化学气相沉积（chemical vapor deposition），等离子加速化学气相沉积（plasma enhanced CVD），

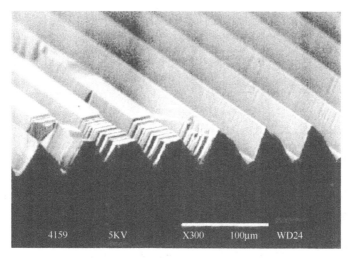

图 5-21　单晶硅表面〈100〉晶向织构化

图 5-22　处理后的单晶表面〈111〉晶向织构化

离子辅助沉积（ion assisted deposition），液相附生（liquid phase epi-taxy）及非晶硅液相结晶（liquid phase crystallization of amorphous sil-icon）。

　　可以用作多晶硅薄膜基体的材料，最首要的特性，就是要成本低廉，这也是符合薄膜电池制备目标的；其次，基体对高温的耐受程度，要至少高于整个电池生产流程中的最高温度；再次，基体与多晶硅的热膨胀系数要匹配，晶态硅的热膨胀系数在 $4 \times 10^{-6} \mathrm{K}^{-1}$ 左右。在表 5-7 中，我们给出了作为多晶硅基体的材料的特性。图 5-23 是典型的有衬底的多晶硅薄膜电池的结构示意。

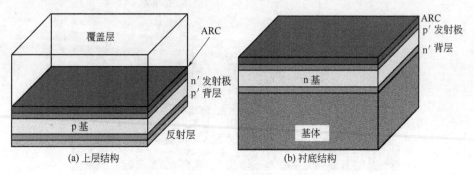

图 5-23　多晶硅薄膜电池的结构

现在，单模块多晶硅薄膜电池的最高效率已经达到了 9%，然而，若是要胜任大规模的使用，其最低也应达到单结 12% 的模块效率。

而微晶硅太阳能电池则是起源于 20 世纪 70～90 年代的氢化非晶硅电池（a-Si：H）及其锗合金（a-Si，Ge：H）或碳合金电池（a-Si，C：H）。后来，在 20 世纪 90 年代，新型的氢化微晶硅电池（μc-Si：H）开始出现在研究领域。这种电池有着和非晶硅电池相同的制备工艺甚至相同的制备设备，但是性能上却有很大的不同。在有掺杂的情况下，材料的微观结构尤其复杂；对层间的其他物质的污染更加敏感；更低的能隙，只有 1.1eV，这比 a-Si：H 的 1.7～1.8eV 要小非常多，这样，电池在太阳的近红外谱区域更容易吸收和转换光子；比 a-Si：H 更低的间接能隙，这就意味着需要更厚的吸收层和更多的光陷阱；更低的光导梯度。

表 5-7　薄膜多晶硅太阳能电池基体材料的性能

| 项　　目 | 钠-钙玻璃 | 硅酸硼玻璃 | 高温玻璃 | 不锈钢 | 莫来石陶瓷 |
|---|---|---|---|---|---|
| 价格/(€/m²) | 3～7 | 20～40 | — | 4～10 | 30～40 |
| 软化温度/℃ | 约580 | 约820 | 约1000 | 大于1000 | 大于1460 |
| 热膨胀系数/K⁻¹ | $80 \times 10^{-6}$ | $3 \times 10^{-6}$ | $3.8 \times 10^{-6}$ | $12 \times 10^{-6}$ | $3.5 \times 10^{-6}$ |
| 透明性 | 透明 | 透明 | 透明 | 不透明 | 不透明 |

值得一提的是，最佳的微晶硅电池的应用方法，是微晶堆叠法（micromorph tandem），实验室级的最高记录已达到了 14.7%。同时，由日本カネカ公司（旧名鐘淵化学工業株式会社）生产的商业级模块电池已经有 8% 左右的稳定效率。

早在 1968 年，人们就发现了若想使微晶硅生长，一个重要的条件就是在生长表面，有着高密度的原子态氢。因此，对于 $\mu c\text{-Si：H}$ 层的生长研究，就是对硅烷的浓度研究。其中，硅烷浓度可由式（5-33）计算：

$$SC=[SiH_4]/[SiH_4+H_2] \qquad (5-33)$$

$\mu c\text{-Si：H}$ 的生长可由硅烷和氢气混合物的等离子加速化学气相沉积实现，硅烷浓度从 a-Si：H 到 $\mu c$-Si：H 的变化，可由 X 射线衍射分析和拉曼光谱（图 5-24）给出，而其微观结构，则可有 TEM 选区衍射的结果（图 5-25）给出。通过高分辨 TEM 照片（图 5-26），我们可以看到，微晶硅有着复杂的结构，这个结构中包括了由纳米聚合生成的微晶相和非晶相。

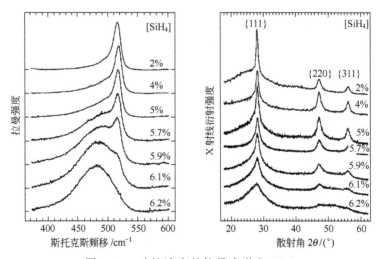

图 5-24　硅烷浓度的拉曼光谱和 XRD

$\mu c$-Si：H 薄膜电池在组装时，通常于上下层使用 ITO 或者 ZnO 层，电池的结构示意如图 5-27(a) 所示。由于存在了其他的物质，不可

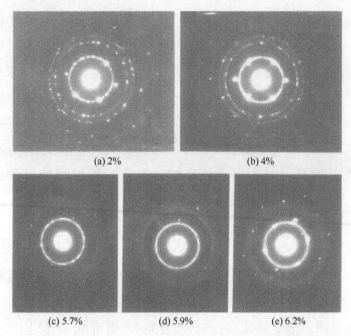

(a) 2%　　　　　　　　　(b) 4%

(c) 5.7%　　　　(d) 5.9%　　　　(e) 6.2%

图 5-25　不同硅烷浓度时的透射电镜选区衍射，亮环为德拜-谢乐环

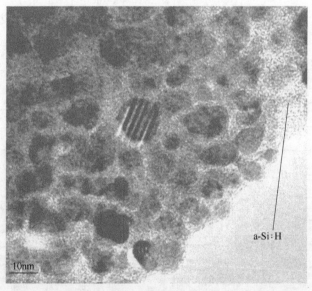

图 5-26　$\mu$c-Si：H 的团聚现象的高分辨 TEM 照片

避免地，在 ITO 或者 ZnO 表面存在着特殊的微晶硅结构［图 5-27(b)］。

现在，微晶硅仅仅是被应用于 p-i-n 或者 n-i-p 结构薄膜光伏电池的光生层（本征 i 层）。但是相信随着进一步的研究，微晶硅会有着更广阔的应用。

　　不同于前两种通过改变晶态硅的光伏性能来提高太阳能电池的光电转换效率，聚光硅太阳能电池是通过将单位功率低下的太阳光进行汇聚，从而提高电池效率的。众所周知，太阳能电池的成本基本都集中在电池本身的组装成本和半导体材料的制备成本，在制备大面积模块电池时，这些成本也会相应增加。相对来说，可以起到汇聚光线作用的透镜或者镜片就要便宜得多，并且利用透镜或者镜片，可以在大面积区域内只使用小面积的太阳能电池，就可达到同面积太阳能电池所吸收的光线的总和。

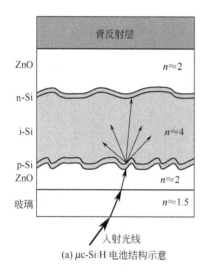 

(a) $\mu$c-Si:H 电池结构示意 　　　　(b) $\mu$c-Si:H 与 ZnO 接触表面

图 5-27　$\mu$c-Si：H 电池结构示意和 $\mu$c-Si：H 与 ZnO 接触表面

　　通过汇聚光线，在提高了单位电池电量输出的同时，也提高了电池的光电转换效率。最常用的聚光电池有背接触和点接触硅电池两种，商业化的点接触聚光硅电池，可在 $10W/cm^2$，AM1.5D，25℃的条件下有着 26.8％的效率。根据各种不同的电池模型的预测，聚光硅电池的效率最高可达 30％。

　　作为所有太阳能电池中最早出现、最基础也是应用最广的晶体硅电池，不仅仅是有着多种实验室级的高性能电池，也有着工业化了的低成本电池。工业级太阳能电池一般有着 5in（127mm）或者更大的表面，使用卓克拉尔斯基法单晶或者多晶硅作为衬底材料。制备工业级晶体硅太阳能电池，一般遵循如下的步骤。

**(1) 制备衬底**　多数太阳能电池生产线的标准衬底的尺寸为 10cm×10cm，所以，作衬底用的晶片一般制备成为 12.5cm×12.5cm。然而，日本的多数厂商则采用了 15cm×15cm 的大面积衬底。下一个衬底标准有可能会是 20cm×20cm。同时，150$\mu$m 厚的晶片将会有希望进一步剪薄至 120$\mu$m。然而，厚度在 200$\mu$m 左右的高质量硅晶片都不可避免地有着切割损失 (kerf loss)，但是若将晶片制备成为晶带 (ribbon) 或者晶板 (sheet) 就可以完全避免。商业化最好的防止切割损失的技术有早期的 EFG (edge-defined film-fed growth) 和近年来出现的织带 (string ribbon) 技术。

**(2) 腐蚀、织构化和光学限制**　由于在切割过程中，容易在新形成的表面上形成缺陷和损伤，所以，一般采用化学腐蚀的方法来驱除这些不利的表面结构。对于单晶硅层，只需要使用 20%～30% 的苛性钾或苛性钠在 80～90℃ 下进行腐蚀就可以了。然而对于多晶硅，则需要些许的改变，太快或者过长时间的腐蚀都会促使材料生成过多的晶界，影响衬底性能。腐蚀后的衬底表面非常光滑，可以反射 35% 以上的折射光线，这不利于电池对太阳光的吸收。在单晶硅衬底上，多采用〈100〉晶面的随机织构化 (图 5-21)。而多晶硅由于表面呈现了各向同性，所以现在最佳的织构化工艺 (图 5-28) 为使用氢氟酸和硝酸进行酸性各向同性织构化 (acidic isotexture)，这样的处理方式可以比传统的各向异性法更容易得到有着低反射高转换率的太阳能电池。

**(3) 清洗**　为了保证织构化后工序的进一步进展，需要对太阳能电池材料的表面进行清洁。用于微电子行业的 RCA 法，也是在太阳能行业中使用最广泛的。

**(4) 结形成**　在文献 [16，17，30，31] 中，都证实了最佳的发射极掺杂，应当相对较深并且适当掺杂，或者是有着高表面浓度的浅发射极。这两个工艺一般是使用高纯热氧化或者 PECVD 氮化实现的，在结形成过程中，还伴随了表面钝化，这样可以有效地减少表面的电子-空

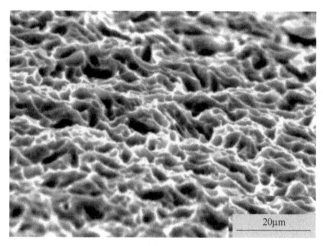

图 5-28 酸性各向同性织构化后多晶硅晶片的表面 SEM 照片

穴对的复合损失和增加发射极的收集效率。工业上，则是使用高掺杂及深结银浆丝网印刷或化学镀镍的方法，来进行前触点（front contact）制备。

**（5）前表面钝化和减反射涂层** 实验室中常用的方法由于价格昂贵、速度过慢，无法在工业生产中实现。工业中的氧化钝化层有 $6\sim15nm$ 厚，这个厚度可以保证既不影响带有减反射层的光学系统，又可以有足够的钝化效应。

**（6）前触点形成** 前触点工艺是整个太阳能电池制备过程中几乎最重要的一步。有两种比较基本的技术应用在前触点，这两种技术分别是激光刻槽深埋电极金属化和精细丝网印刷，使用这两种技术的太阳能电池的截面示意如图 5-29 所示。

**（7）背部结构** 在工业上处理太阳能电池背面结构的方法比较统一，即采用丝网印刷铝形成硅铝合金，该方法可以同时在电池背面形成电极和完成背表面钝化。铝与硅的低共熔点为 $577℃$（见 Al-Si 合金相图，图 5-30）。在加热过程中，首先生成液态 Al-Si 相，而熔融的 Al-Si 则可吸收大量的杂质。在冷却过程中，掺杂了铝的硅发生结晶，并且沿其固溶极限线生成 $p^+$ 背表面场（back surface field）。一种在 BSF 上发展出的局部扩散背表面场（locally diffused BSF）有着很好的将实验室成果

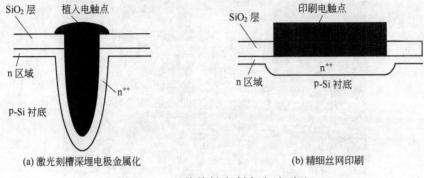

(a) 激光刻槽深埋电极金属化             (b) 精细丝网印刷

图 5-29 两种前触点制备方法对比

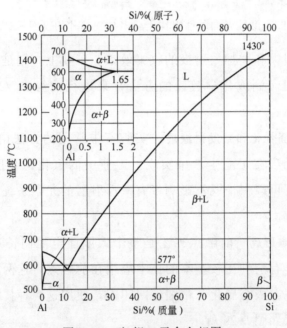

图 5-30 硅-铝二元合金相图

转化为工业产品的潜力,而最新出现的激光烧结接触点(laser-fired contact)技术,则有可能推动局部 BSF 技术取代传统的铝合金 BSF 而成为处理电池背表面的标准技术。

**(8) 基体材料质量改进** 少数载流子的寿命是影响太阳能电池效率的关键因素。由于在工业电池中,不可能使用昂贵的浮区法晶体硅,而太阳能级的卓克拉尔斯基单晶硅或者多晶硅衬底,在能隙中存在了由于有碳、氧、金属杂质或者晶格缺陷、晶界及亚晶界而形成的产生-复合（generation-recombination）中心，严重影响了少数载流子的寿命。为了在不提高成本的前提下解决这个问题，有多种方法被用来改进晶态硅衬底的质量。其中，比较常见的有①磷扩散吸收；②铝吸收；③使用氮化硅钝化块体。

## 5.2.2　非晶硅太阳能电池

第一个关于非晶硅层的报道见于 1965 年，当时使用将硅烷沉积用于射频辉光放电（radio frequency glow discharge）。之后 10 年左右，苏格兰邓迪大学的研究人员发现了非晶硅同样具有半导体性能。事实上，适合使用在电气领域的非晶硅是经过掺杂的硅-氢（a-Si：H）"合金"，即氢化非晶硅。

第一个非晶硅太阳能电池是由 Carlson 和 Wronski 于 1976 年制备的，当时该电池的效率只有 2.4％。而如今，非晶硅电池的初始效率已经达到了 15％。为了进一步提高非晶硅模块电池的市场竞争力，亟待解决的技术问题有：

① 提高 a-Si：H 太阳能电池的转换效率；

② 降低 Staebler-Wronski 效应（由于光照作用，电池的光电转换效率会减少 25％）的影响；

③ 将吸收层的沉积速率提高到 10～20Å/s 以降低 a-Si：H 沉积设备的成本；

④ 大批量生产技术；

⑤ 降低原材料成本。

在制备 a-Si：H 太阳能电池的过程中，最为重要的是对非晶硅的氢化。通过氢化作用，硅的内部会变成为连续无序网络（continuous random network）结构。晶体硅和非晶硅在原子结构上的差别如图 5-31 所示。

由于氢化非晶硅的结构是短程有序的，所以一般的关于能量状态及

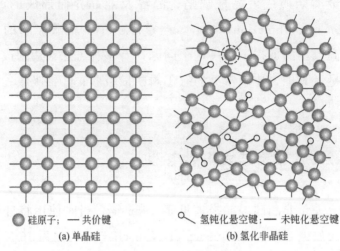

● 硅原子；— 共价键　　　　ㅇ 氢钝化悬空键；| 未钝化悬空键
(a) 单晶硅　　　　　　　　　　(b) 氢化非晶硅

图 5-31　硅材料原子结构

能带的半导体概念对于 a-Si：H 也是适用的。通过对半导体基础知识的学习，我们知道，若是材料内部有过多的缺陷的话，这个材料是无法应用于半导体领域作为元器件的。而纯的非晶硅内部，每平方厘米有着 $10^{21}$ 个缺陷，这个庞大的数目使得非晶硅无法直接应用于光电材料领域。然而，通过将非晶硅与氢组成"合金"，大量硅原子的悬空键被氢原子钝化，从而材料内部缺陷降到每平方厘米 $10^{15} \sim 10^{16}$ 个，这个缺陷程度是适合应用在半导体领域的。实现氢化一般是使用化学气相沉积的方法，现在研究和应用较多的，分别是①射频等离子加速化学气相沉积；②直接等离子加速化学气相沉积；③远程等离子化学气相沉积；④热导线（hot wire）化学气相沉积。

在 a-Si：H 中，载流子的扩散长度要远短于晶体硅。本征非 a-Si：H 的二极管扩散长度只有 $0.1 \sim 0.3 \mu m$。经过掺杂后，尽管扩散长度会有提高，但是对于典型的太阳能电池结构，这个数值还是过小。因此，a-Si：H 太阳能电池的设计结构是不同于晶体硅电池的标准 p-n 结结构的。图 5-32 是单结 a-Si：H 太阳能电池的机构示意。在这个结构中，有 3 个最重要的层，分别是 p 型 a-SiC：H 层、本征 a-Si：H 层及 n 型 a-Si：H 层，这 3 个层组成了最基本的 p-i-n 结结构。掺杂层在该结构中是非常薄的,对于 p 型 a-Si：H 层只有大约 10nm 厚,而 n 型 a-Si：H 也才有大概 20nm。

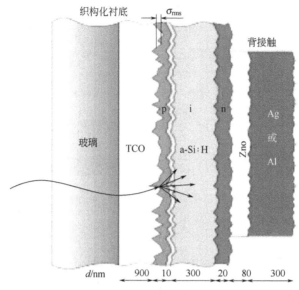

图 5-32 非晶硅单结太阳能电池结构示意

一般来说,非晶硅太阳能电池有两个基本的结构,一种是 p-i-n 前层结构,另一种是 n-i-p 背底结构。在前层结构中,太阳能电池器件前的玻璃一般使用 TCO 镀膜玻璃。之所以使用 TCO 薄膜,是由于 TCO 具有良好的导电性能,可以作为电池的前电极,并且不影响光线的入射,另外,TCO 还具有耐高温、化学稳定性好的优点。而在背底结构中,则可以使用非透明衬底,比如不锈钢。

将上述的单结 a-Si：H 电池模块化,一般采用图 5-33 所示的结构。

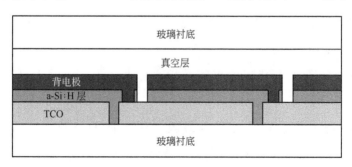

图 5-33 a-Si：H 太阳能模块电池的结构示意

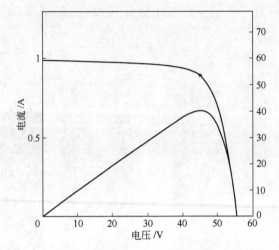

图 5-34　日本力ネカ公司生产 a-Si：H 模块单结电池的伏安特征曲线

模组电池的类型为 a-Si：H/a-SiGe：H/a-SiGe：H 时，最佳衬底类型应当是完全封装（905cm²）于不锈钢基体上，其伏安性能为：初始转换功率 11.2％、稳定功率为 10.5％。而当采用前衬玻璃基体结构（3917cm²）制备模块单结电池时，最佳效率的电池由日本力ネカ公司商场的初始功率为 10.7％的电池，其伏安特征曲线如图 5-34 所示。

使用非晶硅可以制备可折叠弯曲的模块化电池，同时，非晶硅模块电池相比晶体硅，有着更低的转换效率-温度系数，这使得非晶硅太阳能电池可以使用在高温领域。

## 5.2.3　碲化镉基太阳能薄膜电池

最早的碲化镉（CdTe）基电池是 1972 年时，由 Bonnet 和 Rabenhorst 研制成功的 CdS/CdTe 电池，该电池有着 6％的光电转换效率。而迄今为止最高光电转换效率的 CdTe 电池，是由 NREL 于 2002 年制备所得的，其效率为 16.5％。

CdTe 是一种非常适合制备薄膜光伏电池的材料，其直接带隙为 $E_g = 1.45\text{eV}$，这个值正好处于公认的最佳光伏转换效果区间（1.2～1.5eV）内。另外，由于对光线的吸收能力要远强于非晶硅和晶体硅，所以，只需要非常薄的厚度，就可以使用 CdTe 吸收掉所有的入射光线。同时，CdTe 不但可以单独使用，也可以与 $Cu(In,Ga)Se_2$，非晶硅等其他材料同时使用在太阳能电池元器件中。不过，由于 CdTe/CdS 的化学稳定性好，又同时具有极低的溶解度和蒸气压，使得该材料存在了比较棘手的环保问题。

由于物质的光吸收系数是与光的折射性能有关的，所以在 Wood 等的研究中，给出了在给定波长时，CdTe 材料的复折射率计算方法：$n^* = n + ik(\lambda)$。从而，CdTe 的光吸收系数为 $\alpha(\lambda) = 4\pi k(\lambda)/\lambda$。对于一个厚度为 $d$ 的理想太阳能电池，其有效入射光子转换为可转换为电流的比例为：

$$f(d) = \frac{\int_0^\infty \{1 - \exp[-\alpha(\lambda)d]\} N_{ph}(\lambda)\mathrm{d}\lambda}{\int_0^{\lambda_g} N_{ph}(\lambda)\mathrm{d}\lambda} \tag{5-34}$$

式中，$N_{ph}(\lambda)$ 是波长 $\lambda$ 处的入射光子流量。通过对式(5-34) 的计算，我们可以得到，从理论上，CdTe 只需要 $1\mu m$ 就可以达到转换 92% 的有效光线的要求。

在早期的 CdTe/CdS 电池中，CdS 仅仅是作为透光材料的，随着研究的深入，透光功能逐渐由 TCO 材料取代，所以 CdS 层变得比以前的电池更加薄，并且现在被命名为缓冲材料（buffer material）。在缓冲层中，入射光的损失可以由式(5-35) 进行计算：

$$QE_{理想}(\lambda) = \exp(-\alpha_{TCO}d_{TCO}) \cdot \exp(-\alpha_{CdS}d_{CdS}) \cdot (1 - e^{-\alpha_{CdTe}d_{CdTe}}) \tag{5-35}$$

并且考虑在 CdTe 电池中，必须需要有一定厚度的 CdS 层，以保证在吸收体沉积时可以暴露在高温下。所以 CdS 层的厚度一般在 100～300nm 之间。

另外，对 CdTe 进行 $CdCl_2$ 活化处理，有着通过重结晶增加晶粒尺寸，从而减少界面自由能的作用。图 5-35 是对 CdTe 活化前后，（311）

晶面的 X 射线极射图。尽管在高温下，晶体的应变并不明显，但是在低温时，晶体的应变则可通过晶格常数表现出来。在图 5-35 所示的实验中，通过活化，降低了 CdTe 晶体的晶格应变能，晶格常数由之前的 6.498Å 降低到 6.481Å。

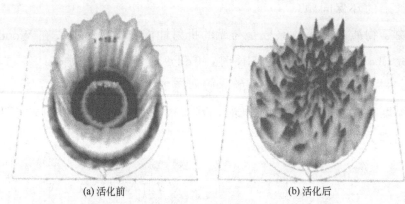

(a) 活化前　　　　　　　　　　　　(b) 活化后

图 5-35　CdTe 薄膜（311）晶面 X 射线极射图

图 5-36(a) 是 CdTe 太阳能电池截面的 SEM 照片，由上到下分别是 CdTe 层，TdS 层以及 ITO 导电玻璃层。而图 5-36(b) 是一般 CdTe 太阳能电池的结构示意。聚酰亚胺一般使用在前层结构中，在背底结构中，则使用金属镀膜。

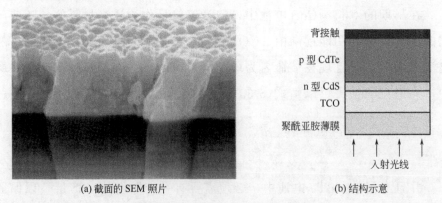

(a) 截面的 SEM 照片　　　　　　　　(b) 结构示意

图 5-36　CdTe 太阳能电池结构

目前，世界上最大的两家生产 CdTe 模块电池的厂商为美国的 First Solar 公司和德国的 Antec Solar Energy。其中，First Solar 使用60cm×120cm 的模板，CdTe 和 CdS 层使用高速气相传输沉积（high rate vapor transport deposition），并声称可在近年内将 CdTe 的发电成本降低到与现在日常用电成本相似。而 Antec 采用了和 First Solar 同样的模板尺寸，使用溅射法喷镀 TCO 膜，CdS 和 CdTe 则是使用了近距离升华（close spaced sublimation）。另外，日本松下（マツシタ）电池采用丝网印刷及烧结技术制备的 CdTe 太阳能电池应用于一些室内电器的电源，比如松下（Panasonic）计算器，但是令人惋惜的是，这项技术的进一步研发在 2002 年戛然而止。

经过了 20 多年实验室和工业发展，CdTe 薄膜电池已经实现了初步的产业化。由于其特有的低成本优势，专家预测下一代 CdTe 电池将会有每年 100 万平方米的装机容量。

## 5.2.4　黄铜矿基太阳能电池

黄铜矿（Chalcopyrite）基太阳能电池主要是由 $CuInSe_2$、$CuInS_2$ 和 $CuGaSe_2$ 等黄铜矿化合物制备而成的，这 3 种材料的能带隙分别为 1.0eV、1.5eV 和 1.7eV。使用该类材料制备的薄膜电池，目前在实验室级别上已获得了接近 20％ 的转换效率的成果，准模块、大模块电池的效率也分别达到了 17％ 和 12％。

最常用的 $CuInSe_2$（CIS）和 $CuGaSe_2$（CGS），以及其合金 $Cu(In,Ga)Se_2$（CIGS），都是有着四方黄铜矿结构，并且属于 I-III-VI$_2$ 型半导体的材料。比较典型的比如 $CuInSe_2$，具有类似于 II-VI 族化合物的闪锌矿型结构，具体的来说，就是将 Cu 和 In 取代了 $ZnSe_2$ 中锌元素的位置，然后把原来 $ZnSe_2$ 的两个相邻晶胞合并组成一个新 $CuInSe_2$ 的晶胞（图 5-37）。尽管从位置上来看，从 $ZnSe_2$ 到 $CuInSe_2$ 仅仅是简单的取代关系，但是毕竟由于 IB 族、IIIA 族和 IIB 族的外围电荷及原子半径存在着差异，所以 $CuInSe_2$ 等黄铜矿型材料的晶格常数也有一定的变化。这个变化不仅仅具有晶体学上的意义，对于材料本身的能带宽度也是有影响的。图 5-38 是晶格常数与带隙能量 $E_g$ 之间的关系折线。

与其他可制备薄膜光伏电池的材料相比，$Cu(In,Ga)Se_2$ 有着几乎

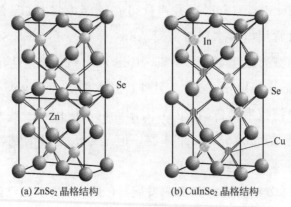

(a) ZnSe₂ 晶格结构　　　　(b) CuInSe₂ 晶格结构

图 5-37　ZnSe₂ 晶格结构和 CuInSe₂ 晶格结构

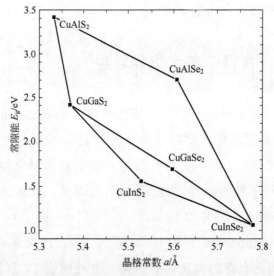

图 5-38　黄铜矿型材料晶格常数与带隙能量之间的关系

最复杂的相图。图 5-39 为该系统的伪二元相图，从该相图中，我们可以查询到温度和薄膜成分之间的关系，这可以有助于选择合适的温度以制备需要的薄膜。

另外，晶体的缺陷也与黄铜矿半导体材料的性能有着密切的关系。这是由于，大量可能的本征缺陷以及深部复合中心会对太阳能电池的性能有着重要的影响。这个现象可以是我们通过掺杂，向黄铜矿型材料中添加人缺陷，改变其固有的电性能。比如掺杂 CuInSe₂，是由本征缺陷控制的。若材料是贫铜的，并且在高的硒气压下退火，则材料会趋向成

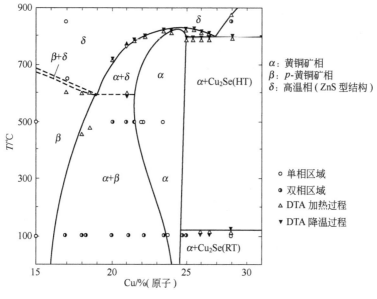

图 5-39    $Cu_2$-Se-$In_2Se_3$ 于铜含量
在 15%～30%（原子）时的伪二元相图

为 p 型导体，相反地，若是富铜材料并且在低的硒气压下，则会趋向于形成 n 型半导体。

使用黄铜矿型材料制备太阳能电池一般来说有着如下的几个优点：①高的光电转换效率；②好的稳定性；③低成本；④可以有效地利用原材料；⑤短暂的能量回收时间；⑥可为多种场合提供支援及解决方案；⑦有庞大的并且开放的研发群体。

图 5-40 所示的是使用了钼作为背接触层材料的典型 CIGS 电池。

所谓薄膜太阳能电池，就是将一层或者几层不相同或者不同成分的薄膜沉积到一个衬底上，并且具有光伏效应的半导体器件，这个衬底可以是硬质的，也可以是柔软的。在背接触层之上，是黄铜矿类材料层，此电池中即为 $Cu(In,Ga)Se_2$。这个部分吸收绝大部分的入射光线并且产生光生电流，所以也被称为吸收层（Absorber），并且属于 p 型半导体。在吸收层之上，则一般先采用非常薄的 n 型缓冲层 CdS，再是有着好的透明度的前接触面，在本器件中使用了 ZnO。而典型的制备黄铜矿基太阳能电池的工艺步骤如图 5-41 所示。该工艺方法被称为快速热

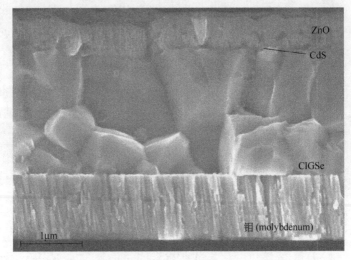

图 5-40　使用 CIGS 作为吸收层的典型黄铜矿基
太阳能薄膜电池截面 SEM 照片

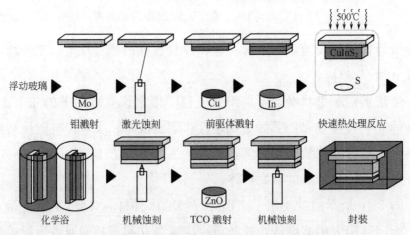

图 5-41　制备黄铜矿基太阳能电池典型的工艺步骤

处理工艺（rapid thermal processing）。

　　尽管工艺步骤看似并不复杂，但是却比较难以应用于流水线生产。最早的一条商业化黄铜矿基太阳能电池生产线是由西门子公司于 1998 年建立的，该条线的生产能力非常的有限，只能生产 5～10W 输出功率的模块电池。最大的生产线是分别由 Shell Solar（现在已经被德国 Solar World 公司收购）和 Wuerth Solar 制备的，可以生产输出功率为

40W 的电池。

黄铜矿基太阳能电池能否继续发展并成为市场主流，还是有着不少的问题需要在未来解决的：①轻型化及可折叠化；②无镉工艺；③无铟工艺；④寻找取代钼的新型背接触层；⑤双面电池和前接触电池；⑥工艺过程无需真空；⑦宽禁带和双节电池的研发。

# 参 考 文 献

[1]  Sze S M. Physics of Semiconductor Devices (2nd edition). John Wiley & Sons, New York, 1981.

[2]  Hishikawa Y, Imura Y, Oshiro T. Irradiance dependence and translation of the I-V characteristics of crystalline silicon solar celss. Proc 28th IEEE Photovoltaic Specialists Conf, Anchorage, 2000: 1464-1467.

[3]  Philips J E, Titus J, Hofmann D. Determing the voltage dependence of the light generated current in CuInSe₂-based solar cells using I-V measurements made at different light intensities. Proc 26th IEEE Photovoltaic Specialist Conf. Anaheim, 1997: 463-466.

[4]  Hegedus S S. Current-voltage analysis of a-Si and a-SiGe solar cells including voltage-dependent photocurrent collection. Prog Photovolt: Res Appl, 1997, 5: 151-168.

[5]  Green M A. Silicon Solar Cells: Advanced Principles and Practice. Center for Photovoltaic Devices and Systems. University of New South Wales, 1995.

[6]  Castaner L, Silvestre S. Modelling Photovoltaic Systems Using Pspice. John Wiley & Sons. Chichester, 2002.

[7]  Gamberale M, Castello S, Li Causi S. The Italian Roof-Top Program: Status and perspectives, PV in Europe, Rome, Italy, 2002: 1012-1015.

[8]  Matsuda A. Growth mechanism of microcrystalline silicon obtained from reactive plasmas. Thin solid films, 1999, 337 (1-6): 1-2.

[9]  Houben L, Luysberg M, Hapke P, Carius R, Finger F, Wagner H. Structural properties of microcrystalline silicon in the transition from highly crystalline to amorphous. Philosophical Magazine A, 1998, 77: 1447-1460.

[10]  Mueller N C A, Nasch P M. The challenge to implement thin wafer potential with wire saw cutting technology. In Proc 3rd World Conf on Photovoltaic Energy Conversion, Osaka, 2003.

[11]  Kalejs J P, Schmidt W. High productivity methods of preparation of EFG ribbon silicon wafers. In Proc 2nd World Conf on Photovoltaic Energy Conversion, 1998: 1822-1825.

[12] Hanoka J I. An overview of silicon ribbon growth technology. Sol Energy Mat Sol Cells, 2001, 65: 231-237.

[13] Sarti D, Le Q N, Bastide S, Goaer G, Ferry D. Thin industrial multicrystalline solar cells and improved optical absorption. Proc 13th European Photovoltaic Solar Energy Conf, 1995: 25-28.

[14] Einhaus R, Van Kerschaver E, Szlufcik J, Nijs J, Mertens R. Isotropic texturing of multicrystalline silicon wafers with acidic texturing solutions. Proc 26th IEEE Photovoltaic Specialists Conf, 1997: 167-170.

[15] Wolf De, Choulat S, Vazsonyi P, Einhaus E R, Van Kerschaver E, De Clercq K, Szlufcik J. Towards industrial application of isotropic texturing for multicrystalline silicon solar cells. Proc 16th European Photovoltaic Solar Energy Conf, 2000: 1521-1523.

[16] King R R, Sinton R A, Swanson R M. Studies of diffused phosphorus emitters: saturation current, surface recombination velocity and quantum efficiency. IEEE Trans on Electron Devices, 1990, ED-37: 365-371.

[17] Morales Acevado A. Theoretical study of thin and thick emitter silicon solar cells. J Appl Phys, 1991, 70: 3345-3347.

[18] Zhao J, Green M. Optimized antireflection coatings for high-efficiency silicon solar cells. IEEE Trans on Electron Devices, 1991, 38: 1925-1934.

[19] Mason N B, Jordan D, Summers J G. A high efficiency silicon solar cell production technology. Proc 10th European Photovoltaic Solar Energy Conf, 1991: 280-283.

[20] Young R J S, Carroll A F. Advances in front-side thick film metallisations for silicon solar cells. Proc 16th European Photovoltaic Solar Energy Conf, 2000: 1731-1734.

[21] Lolgen P, Leguit C, Eikelboom J A, Steeman R A, Sinke W C, Verhoef L A, Alkemande P F A, Algra E. Aluminum back surface field doping profiles with surface recombination velocities below 200cm/s. Proc 23rd IEEE Photovoltaic Specialists Conf, 1993: 231.

[22] Banerjee A, Yang J, Guha S. Optimization of high efficiency amorphous silicon alloy based triple-junction modules in Amorphous and Heterogeneous Silicon Thin Films: Fundamentals to Devices. Mater Res Soc Proc, 1999, 557: 743-748.

[23] Lechner P, Schade H. Photovoltaic thin-film technology based on hydrogenated amorphous silicon, program photovoltaic. Res Appl, 1999, 10: 85-97.

[24] Wu X, Keane J, Dhere R, DeHart C, Duda A, Gessert T, Asher S, Levi D, Sheldon P. 16.5% efficient CdS/CdTe polycrystalline thin film solar cell. Proc 17th European Photovoltaic Solar Energy Conference, Munich, Germany, 2001: 995-1000.

[25] Wood D, Rogers K, Lane D, Coath J. Optical and structural characterization of $CdS_x Te_{1-x}$ thin films for solar cell applications. J of Phys: Condensed Matter, 2000, 12: 4433-4450.

[26] Moutinho H R. Alternative procedure for the fabrication of close-spaced sublimated CdTe solar cells. J Vac Sci Technol, 2000, A18: 1599-1603.

[27] Klenk R, Klaer J, Scheer R, Lux-Steiner M Ch, Luck I, Meyer N, Ruhle U. Solar cells based on $CuInS_2$-an overview. Thin Solid Films, 2005, 509: 481-482.

[28] Schmid P E. Optical absorption in heavily doped silicon. Phys Rev, 1981, B23: 5531.

[29] Fan H Y. In Willardson R K, Beer A C, eds. Semiconductors and Semimetals. Academic Press: 1967, 409 (3).

[30] Morales A A. Optimization of surface impurity concentration of passivated emitter solar cells. J Appl Phys, 1986, (60): 815-819.

[31] Wolf M. The influence of heavy doping effects on silicon solar cells performance. Solar Cells, 1986, (17): 53-63.

# 6 其他新能源材料

## 6.1 核能关键材料与应用

核能是人类历史上的一项伟大发明，从 19 世纪末英国物理学家汤姆逊发现了电子，到居里夫人发现新的放射性元素钋、镭，再到 1905 年爱因斯坦提出质能转换公式，1946 年德国科学家奥托哈恩用中子轰击铀原子核，发现了核裂变现象，1942 年 12 月 2 日美国芝加哥大学成功启动了世界上第一座核反应堆，1945 年 8 月 6 日和 9 日美国将两颗原子弹先后投在了日本的广岛和长崎，1957 年苏联建成了世界上第一座核电站——奥布灵斯克核电站。可见，核能开始是应用于军事领域，但现在人类已将核能运用于除军事外的能源、工业、航天等众多领域，几个比较致力于核能发展的国家的核能发展变化趋势如图 6-1 所示。

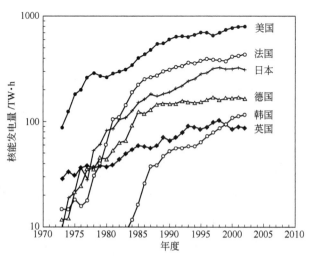

图 6-1　部分国家的年度核能发电趋势曲线

根据当今的能源形势，核能在目前所能预见到的优势主要体现在以下两个方面：①可以取代燃烧煤或者天然气的方式，这样可以节约更多的原料用于化工提取；②可以在交通能源中代替石油，这可以提高热机的效率，并且最重要的是可以大大提高能源携带能力，从而增加交通工具的续航能力。

核反应堆的能量基本都是来自于核裂变，典型的一个裂变反应是：

$$n+{}^{235}U \longrightarrow {}^{236}U^* \longrightarrow {}^{144}Ba+{}^{89}Kr+3n$$

事实上，只有几种原子核能够发生核裂变反应，在核应用中最重要的是铀和钍的同位素。核能应用中，需要的巨大能量来自于不间断的核裂变反应，也就是链式反应。由于现在人类能够控制的只有核裂变反应，所以当今世界上建造的所有核电站都是利用核裂变提供能量的。裂变反应堆可以根据裂变方式分为两类，其中一类是通过受控的核裂变来获取核能，该核能是以热量的形势从核燃料中释放出来的；另一类则是利用被动的衰变获取能量的放射性同位素温差发电机。第一类裂变反应是在核电站领域中着重使用的，这类反应又可以再分为热中子反应堆（thermal-neutron reaction）和快速中子反应堆（fast-neutron reaction）。尽管快中子堆可以产生更少的核废料（nuclear waste），提高核燃料的利用效率，并且生成的核废料中的放射性物质半衰期更短，但是限于技术和成本问题，目前绝大多数的商用反应堆还都是使用热堆模式。

但是无论哪个种类，热中子堆基本的几个组成部分都是相同的。①核燃料，一般认为钍、镁和铀3种元素可以作为核燃料。镁的同位素中半衰期最长的只有3.3万年，所以无法从自然界直接获得镤。而钍一般则是更多地作为制备铀233的原料。所以，现在的热堆中大多数的核燃料中的作用元素都是铀。②减速剂，除了快速增殖反应堆（fast breeder reaction）之外，其他的任何热中子堆都是需要减速剂的。从理论上讲，理想的减速剂材料的原子序数应该不大于6。但是考虑到原子序数在6以内的某些材料仍具有其他的性能，所以事实上用作减速剂的，只有轻水、重水、铍和石墨这 4 种。③冷却剂，冷却剂既可以是液体也可以是气体。在热中子堆中，最常用的是轻水、重水、氦和二氧化碳；在快中子堆中，由于不需要使用减速剂，所以通常都使用高原子序数的元素作为冷却剂，使用最多的是液态钠。④控制材料，简单地说，控制材料有着反应堆开关的作用。一般地，控制材料使用有着高的热中子吸收截面的硼或者镉来制备成棒状（控制棒，Control Rod）。在压水堆中，常用的控制棒材料是 $B_4C$ 或者含有 4% 镉的银-铟合金。而在沸水堆中，则只使用 $B_4C$。

根据各种不同反应堆的反应机理以及中子减速剂和冷却剂的不同，可以将反应堆大致的再次分为以下几类：沸水反应堆（沸水堆，boiling water reactor，BWR），快速增殖堆（快堆，fast breeder reactor，FBR），气体冷却石墨减速堆（气冷堆，gas-cooled Graphite-moderated reactor，GCR），轻水冷却石墨减速堆（light-water-cooled graphite-moderated reactor，LWGR），压式重水堆（pressurized heavy water reactor，PHWR）和压式轻水堆（pressurized light water reactor，PWR）。表 6-1 中列出了不同种类的反应堆的使用状况及主要材料差别。

表 **6-1** 不同种类反应堆使用状况及主要材料（数据截止 2009 年 3 月 20 日）

| 堆　型 | 燃　料 | 中子减速剂 | 冷却剂 | 运行数 | 功率/MW(e) |
|---|---|---|---|---|---|
| BWR | 富$^{235}$U的$UO_2$ | 轻水 | 轻水 | 92 | 83597 |
| FBR | $UO_2 + PuO_2$ | 无 | 液态钠 | 2 | 690 |
| GCR | U，$UO_2^d$ | 石墨 | 二氧化碳 | 18 | 8909 |
| LWGR | 富$^{235}$U的$UO_2$ | 石墨 | 轻水 | 16 | 11404 |
| PHWR | 普通$UO_2$ | 重水 | 重水 | 44 | 22441 |
| PWR | 富$^{235}$U的$UO_2$ | 轻水 | 轻水 | 264 | 243079 |
| 总计 | — | — | — | 436 | 370120 |

金属锆和金属铪，是核电工业不可或缺的消耗性金属材料。我国规划到 2020 年将再建 28 座核电站，新增核电 3000 万千瓦，核电比例由目前的 2% 增加到 4%~5%，预测需锆材 600t 以上，按较高的成材率及较低损耗率推算，核级海绵锆总需求量将达 1500t。而我国目前的现

实状态是锆材的加工生产能力和装备虽已进入国际先进行列，但作为锆铪产业前端的海绵锆、海绵铪研发和生产则处于相对滞后的状态，海绵锆、海绵铪的冶炼工艺与国外尚有较大差距，不能适应和满足国家军工和民用核电发展对锆铪的需求。作为能源需求日趋旺盛的中国，如果没有自己自主知识产权的、民族的海绵锆、海绵铪研发队伍和产业，锆铪型材加工和核电消耗性锆铪仍需大量依靠进口，那是令人不可想象的。众所周知，锆和铪是稀有金属王国中的元素对而共生于自然界，因此采用特殊的化学-冶金联合方法以分离锆和铪，就成为制取金属锆和金属铪最关键的一步。含锆和铪的天然硅酸盐称为锆英石或风信子石（$ZrHfSiO_4$），与锆英砂一样具有工业开采价值的锆矿物还有斜锆矿（$ZrO_2$）。澳大利亚、南非、印度、美国的锆铪储量占世界的50％以上，我国具有工业意义的锆铪矿物为主要分布在东南沿海的砂矿，包括海滨沉积砂矿、河流冲积砂矿和风化壳砂矿。虽然储量不少，但由于采选规模小，锆矿中 Th、U 含量偏高，国内锆精矿需大量进口，目前世界年产锆砂（含 $ZrO_2$ 65％左右）约 110 万吨，每年约以 5％的速率增长，我国年用量在 30 万～35 万吨，几乎占世界总产量的 1/3。生产金属锆和金属铪的主要方法是金属热还原法，要先将锆英砂精矿经氯化或碱熔制成氯化锆（铪）或氧氯化锆，除去锆砂中的 $SiO_2$，再进行锆铪分离，分别制得含铪小于 0.01％和含锆小于 1％的 $ZrO_2$ 和 $HfO_2$ 后，再将它们氯化，经镁还原制得海绵锆或海绵铪，再熔铸成锭以制造需要的型材。目前一批锆铪生产公司如美国西屋电气、法国塞佐斯和法玛通，不仅成为世界排名居前的锆铪制品生产企业，同时也成为世界顶级的核电站开发商。目前世界锆铪产能接近万吨，已有美国、法国、俄罗斯、德国、英国、加拿大、日本、印度和中国可生产核级锆，为世界核能的发展提供了保障。

铀是高能量的核燃料，1kg 铀可供利用的能量相当于燃烧 2250t 优质煤。然而陆地上铀的储藏量并不丰富，且分布极不均匀。只有少数国家拥有有限的铀矿，全世界较适于开采的只有 100 万吨，加上低品位铀矿及其副产铀化物，总量也不超过 500 万吨，按目前的消耗量，预计只够开采几十年。而在巨大的海水水体中，却含有丰富的铀矿资源。据估计，海水中溶解的铀的数量可达 45 亿吨，相当于陆地总储量的几千倍。如果能将海水中的铀全部提取出来，所含的裂变能可保证人类几万年的能源需要。不过，海水中含铀的浓度很低，1000t 海水只含有 3g 铀。从海水中提取铀，从技术上讲是件十分困难的事情，可喜的是目前海水提铀技术的发展已从基础研究转向开发应用研究的阶段。

此外，以海水中的氘、氚的核聚变能解决人类未来的能源需要将展示出美好的前景。此外，有关专家认为，氦-3 在地球上特别少，但是在月球上很多，光是氦-3 就可以为地球开发 1 万～5 万年用的核电。地球上的氦-3 总量仅有 10～15t，可谓奇缺。但是，科学家在分析了从月球上带回来的月壤样品后估算，在上亿年的时间里，月球保存着大约 5 亿吨氦-3，如果供人类作为替代能源使用，足以使用上千年。据估计，在世界上核裂变的主要燃料铀和钍的储量分别约为 490 万吨和 275 万吨。这些裂变燃料足可以用到聚变能时代。轻核聚变的燃料是氘和锂，1L 海水能提取 30mg 氘，在聚变反应中能产生约等于 300L 汽油的能量，即 1L 海水约等于 300L 汽油，地球上海水中有 40 多万亿吨氘，足够人类使用百亿年。地球上的锂储量有 2000 多亿吨，锂可用来制造氚，足够人类在聚变能时代使用。况且以目前世界能源消费的水平来计算，地球上能够用于核聚变的氘和氚的数量，可供人类使用上千亿年。因此，有关能源专家认为，如果解决了可控核聚变技术，那么人类将能从根本上解决能源问题。

从核能的发展趋势来看，核能关键材料的开发应该积极做到系统发展核材料工业。包括铀矿勘探、铀矿开采与铀的提取、燃料元件制造、铀同位素分离、反应堆发电、乏燃料后处理、同位素应用以及与核工业相关的建筑安装、仪器仪表、设备制造与加工、安全防护及环境保护。此外，积极发展钍资源的开发研究等也是有效的战略手段。

# 6.2 镍氢电池材料基础与应用

镍氢电池被誉为是最环保的电池，并且镍氢电池的输出电流比碳性或碱性电池大，相对更适合用于高耗电产品。但是，镍氢电池有着比较典型的充电电池记忆效应，而且具有比较强的自放电反应。镍氢电池是用镍镉电池技术为原型修改得到的，镉电极被储氢合金取代。镍氢电池镍氢电池以 $Ni(OH)_2$ 作为正极，以储氢合金作为负极，以氢氧化钾碱性水溶液为电解液。在电化学中，我们知道，镍和氢在电化学反应的时候，氢的电位电动势比镍的电位电动势低，从而形成了电势差。在充电的时候，镍在就从 $Ni^{2+}$ 变成 Ni 单质，氢则被氧化成 $OH^-$，而放电的时候是相反的过程，是可逆的反应，这样就能形成我们所谓的充电放电，其化学反应式如下：

$$3MH+2NiOOH \rule[0.5ex]{2em}{0.1ex} 2Ni(OH)_2+3M+1/2H_2$$

镍氢电池起源于 20 世纪 70 年代吸氢金属的发明，现在已经开发出了两种体系的合金，镧镍合金（$AB_5$）和钛锆合金（$AB_2$）。每种合金体系中都有添加剂，来增强抗蚀性能、循环性能和降低成本等。有些材料包含了非常多的添加剂，以至于有了下水道合金的称呼（kitchen sink alloys）。虽然 $AB_2$ 合金储氢容量大，但是 $AB_5$ 合金好的机械稳定性、更佳的低温性能和高倍率放电性能使得它成为商业镍氢电池的选择。镍氢电池在 1990 年左右市场化，以更小的体积、更好的放电性能用于取代便携式电子设备上的镍镉电池。储氢合金电极取代镉电极后，电池能够有更佳的设计和电极活性物质的配比，在相同体积下，镍氢电池容量是镍镉电池的 2 倍。因此，镍氢电池在容量上比镍镉电池大得多。镍氢电池和镍镉电池除了储氢电极取代镉电极以外的结构基本相同。镍氢电池能够用和镍镉电池同样的设备来生产，采用聚合物黏合储氢合金粉末来作为负极。这极大地降低了生产镍氢电池的投资成本。镍氢电池将是混和动力车辆的首选电源。

镍氢电池作为一种高比能量的二次电池已经得到了广泛的应用，但仍存在一定的不足。电池的容量设计是正极限容，所以镍氢电池的整体性能在很大程度上由正极材料性能的好坏决定。MH-Ni 电池的正极活性物质 $Ni(OH)_2$，由于 $Ni(OH)_2$ 为 p 型半导体，其导电性较差，这就导致了活性物质利用率的下降，从而导致充电效率和放电容量的降低。所以在镍电极活性物质中添加添加剂对 MH-Ni 电池的镍电极进行改性，以提高镍氢电池正极的性能，对于改善镍氢电池的性能是至关重要的。有学者研究了钴类添加剂对镍电极性能的影响，通过物理掺杂、化学包覆等方法在镍电极中添加钴类化合物。实验结果显示无论是化学包覆 CoOOH 还是物理掺杂 CoO，都增加了正极活性材料的导电性，提高了电极的活性物质利用率。有研究表明覆钴球型氢氧化镍是用于镍氢电池的一种新型正极材料，用它制作电池时加入黏结剂后，可直接投入泡沫镍中，简化了电池生产工序，不增加成本，而性能显著改善，可提高性能价格比，是当今世界环境保护和电池材料的发展方向。国内厂家发展的技术"覆钴球型氢氧化镍"在球型氢氧化镍表面通过覆钴或钴的化合物后，与直接添加同量钴粉相比材料利用率提高了 5%～10%，循环寿命大于 500 次，达到国际先进水平。用所生产的覆钴球型氢氧化镍组装的电池，其性能指标达到了国际同类产品的先进水平。

负极材料制备方面，有人提供了一种镍氢电池负极材料，将配制好金属稀土与金属镍加入真空高温加热设备中，加热前，先用真空泵将加热设备里的空气抽成真空，然后开始加热，使温度达到足以使金属熔化；之后将通入惰性气体；使惰性气体能在高速向下的喷雾作用下将熔化了的金属进行雾化，这样便能得到金属小颗粒，对其进行冷却，使金属小颗粒温度降低不至氧化所要求的温度以下；再通过筛网，进行筛选，最后得到成品。

# 6.3 生物质能材料基础与应用

生物质能一般是指利用生物体本身来产生能量。具体指将植物转化为乙醇、氢气、生物柴油以及其他生物化学材料，比如木糖醇、甘油、异丙醇等。如某些植物和水藻，能够通过光合作用直接产生油质，这些油质可以直接用作燃料，也可以经过化学处理成为生物柴油加以利用。而乙醇、甲烷等生物质能则需要将有机质进行厌氧发酵才可得到。另外，我们还能够直接使用微生物制备燃料电池得到电能。几种常见的能源形式的热量提供参数可参看表 6-2。由于生物体本身的能量的来源都是阳光，而生物在自然界中又是生生不息的，所以一般的，我们也把生物质能看作是可再生的新能源的一类。

表 6-2 常见生物质能的能量密度

| 能　源 | 质量能量密度/(kJ/g) | 密度/(kg/m³) | 体积能量密度/(GJ/m³) |
|---|---|---|---|
| 氢气 | 143.0 | 0.0898 | 0.0128 |
| 甲烷 | 54.0 | 0.7167 | 0.0387 |
| 2号柴油 | 46.0 | 850 | 39.1 |
| 汽油 | 44.0 | 740 | 32.6 |
| 豆油 | 42.0 | 914 | 38.3 |
| 豆制生物柴油 | 40.2 | 885 | 35.6 |
| 煤炭 | 35.0 | 800 | 28.0 |
| 乙醇 | 29.6 | 794 | 23.5 |
| 甲醇 | 22.3 | 790 | 17.6 |
| 软木 | 20.4 | 270 | 5.5 |
| 硬木 | 18.4 | 380 | 7.0 |
| 菜籽油 | 18.0 | 912 | 16.4 |
| 甘蔗渣 | 17.5 | 160 | 2.8 |
| 米麸 | 16.2 | 130 | 2.1 |
| 热解油 | 8.3 | 1280 | 10.6 |

近十几年来，世界上生物质能的生产量以每年 10% 的速度增长。但是无疑人们对于电能的追求比对其他能量形式更感兴趣。微生物燃料电池（microbial fuel cells）在这方面堪称比较新鲜的话题。该类电池利

用微生物在进行代谢活动时对电子的传输作用进行发电。在典型的有氧呼吸中，有机化合物的氧化过程一般可以归纳为如下的半反应：

$$C_6H_{12}O_6 + 6H_2O \longrightarrow 6CO_2 + 24H^+ + 24e^- + 4ATP$$

如图 6-2 所示，该半反应在燃料电池中提供电子，作为整个电池的负极。而在正极，一般的半反应 [图 6-2(a)] 为：

$$24H^+ + 24e^- + 6O_2 \longrightarrow 12H_2O + 34ATP$$

而在图 6-2(b) 中所示的电池，则是以该半反应来完成电池的正极的功能。

$$24H^+ + 24e^- + 6O_2 \xrightarrow{\text{催化剂}} 12H_2O$$

从另外的角度来看，生物质能是蕴藏在生物质中的能量，是绿色植物通过叶绿素将太阳能转化为化学能而储存在生物质内部的能量。煤、石油和天然气等化石能源也是由生物质能转变而来的。生物质能是可再生能源，依据是否能大规模代替常规化石能源，而将其分为传统生物质能和现代生物质能。

传统生物质能主要包括农村生活用能：薪柴、秸秆、稻草、稻壳及其他农业生产的废弃物和畜禽粪便等；现代生物质能是可以大规模应用的生物质能，包括现代林业生产的废弃物、甘蔗渣和城市固体废物等。依据来源的不同，将适合于能源利用的生物质分为林业资源、农业资源、生活污水和工业有机废水、城市固体废物及畜禽粪便等五大类。无论怎么分类，生物质能材料通常包括以下几个方面的材料：一是木材及森林工业废弃物；二是农业废弃物；三是水生植物；四是油料植物；五是城市和工业有机废弃物；六是动物粪便。在世界能耗中，生物质能约占 14%，在不发达地区占 60% 以上。全世界约 25 亿人的生活能源的 90% 以上是生物质能。生物质能的优点是燃烧容易，污染少，灰分较低；缺点是热值及热效率低，体积大而不易运输。直接燃烧生物质的热

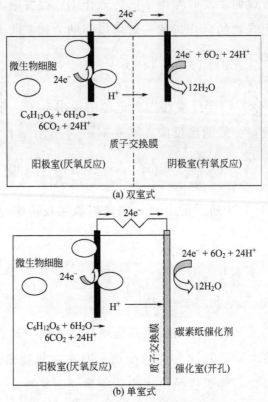

图 6-2 双室式和单室式微生物燃料电池
结构及工作原理示意

效率仅为 $10\% \sim 30\%$。目前世界各国正逐步采用如下方法利用生物质能。

① 热化学转换法，获得木炭、焦油和可燃气体等品位高的能源产品，该方法又按其热加工的方法不同，分为高温干馏、热解、生物质液化等方法。

② 生物化学转换法，主要指生物质在微生物的发酵作用下，生成沼气、酒精等能源产品。

③ 利用油料植物所产生的生物油。

④ 把生物质压制成成型状燃料（如块型、棒型燃料），以便集中利用和提高热效率。

乙醇和生物柴油仍然是现在最主要的生物质能研究方向和实践重

点。通过生物资源生产的燃料乙醇和生物柴油，可以替代由石油制取的汽油和柴油，是可再生能源开发利用的重要方向。据估计，生物燃料蕴藏量极大，仅地球上的植物每年可生产的生物燃料量，就相当于目前人类每年消耗的矿物能的 20 倍。生物能与风能、太阳能等都属于可再生能源。但是，作为燃料乙醇的主要原材料玉米在未来几年将面临供应紧缺状况。我国发展燃料乙醇之初，在很大程度上考虑的并不是能源问题，而是消化陈化粮。经过几年的集中销售后，国有粮食部门储存的陈化粮存量水平已经非常低了，燃料乙醇发展受到原材料制约的问题也日益凸显。应该着手开发新的非玉米原料的燃料乙醇生产。目前可供选择的替代原料包括糖蜜、木薯、秸秆和甜高粱等材料，可在替代能源上发挥更大作用在石油能源紧缺的今天，发展生物质能和其他可再生能源是解决我国能源安全的必然选择，但鉴于粮食类燃料乙醇可能给国家带来的安全风险和原料供应对燃料乙醇发展的制约，国家有关部门正有意识地引导企业向非粮原料乙醇生产转变。

另外，在生物质能材料方面，我国木小屑球应用比较广泛。小球燃料和煤块是加热煤和石油的可供选择的方式。很多发电厂和加热设备都把他们的煤换成小球燃料，小球燃料是一种由纯锯屑产生的完全可更新的能源。小球燃料主要是由锯屑、刨花和处理木材和其他木头产品的树木之后而制成的。

中国具有发展生物燃油产业的巨大空间，资源潜力主要取决于用作种植能源植物的土地资源面积和单位面积产量。此外，技术研发还将开拓新的资源空间。工程藻类的生物量巨大，一旦高产油藻开发成功并实现产业化，由藻类制生物柴油的规模可以达到数千万吨，因为中国有5000 万亩可开垦的海岸滩涂和大量的内陆水域。美国可再生能源国家实验室运用基因工程等现代生物技术，已经开发出含油超过 60％的工程微藻，每亩可生产 2t 以上生物柴油。

从需求来说，中国未来的燃油供给是相当紧张的，本国生产、国际进口和煤炭液化所能供给的燃油都是有限的，这就为生物燃油的发展提供了良机。从经济性来说，生物燃油的经济性主要取决于自身的技术成熟度、规模化发展所导致的成本下降、石油价格（目前还较少考虑环境成本的内部化）。石油价格在短期内的波动性和不确定性较大，但长期看来，上升趋势相当明显，与之相比，随着技术的成熟和规模的提高，生物燃油的成本将不断降低，因此竞争力会不断提高。从综合性来看，生物燃油工程一方面其核心技术的研发相当部分是在能源技术研究部分；另一方面从特点上看也是典型的能源工程，它具有规模性，也具有时间性（所以需要能源规划）：如果是利用盐碱地、荒地改造，则存在改造期的问题，特别是能源林业还存在一个能源林从栽种到成林的生长期的问题。而从生物燃油的原料来源来看，则属于农林业范畴。中国能否顺利、协调发展生物燃油，有赖于能否把能源机构、部门和农林业部门的力量成功地整合起来。以美国为例，它在能源部和农业部下都设有能源农业项目，并且彼此之间建立了很好的沟通和协作。另外，还要考虑政策性：一方面，生物燃油产业具有显著的能源、环境和社会效益，应当得到政策支持；另一方面，国家对土地使用的规划性非常强，需要在土地规划中为能源农林业的发展提供空间。

# 6.4 风能与其材料基础

风能这个词对人们来说有点新鲜，但它却和世界历史一样古老。风曾推动古希腊的航船穿越爱琴海，播撒古希腊文化。风能是一种取之不尽、用之不竭的更加积极的新能源，它对环境的污染更小，不会加速全球变暖，还能增加就业岗位。

风电技术发展的标志相关核心材料的设计与发展，结合风能原理，下面我们对材料设计基础做一概述。

若空气气流的质量为 $m$，速度为 $V$，根据基本的动能公式，我们可以得到这些气流提供的动能为：

$$E = \frac{1}{2}mV^2$$

此时，若有一个风螺旋桨（wind rotor）的截面积为 $A$，并且正对着气流（图 6-3），则气流对叶轮机（turbine）的有效动能为：

$$E = \frac{1}{2}\rho_a v V^2$$

式中，$\rho_a$ 为空气密度；$v$ 为气流的水平距离，$v = A_T V$。

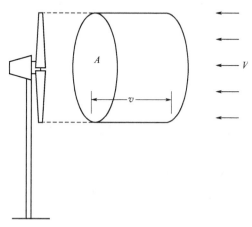

图 6-3　气流-叶轮关系示意

若我们假设叶轮机的横截面等于风螺旋桨的面积，并用 $A_T$ 表示，于是我们可以得到在这个风速下，叶轮机的理想功率为 $P = \frac{1}{2}\rho_a A_T V^3$。

从该式我们可以看到，决定着风能效率的主要因素有：空气的密度、叶轮机的截面积和风速。

风能的叶轮机一般有两种形式，分别是水平式（horizontal axis wind turbines，HAWT）和立式（vertical axis wind turbine，VAWT），两者的示意可以参考图 6-4。其中，HAWT 是商业中最常用的类型，一般我们在媒体和实际中见到的，都以 HAWT 为主。

水平式的风能叶轮机有着如下好处：①低的切入风速（cut-in wind speed）；②小的间隔（furling）；③高的转换效率。但是，由于发生器和变速箱都要位于塔顶，这使的水平式的设计非常复杂，与此同时，造价也比较昂贵。另外，水平式风能叶轮机还需要一个初始力才能开始

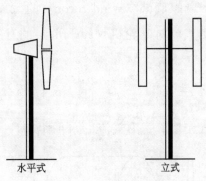

图 6-4　两种不同类型的风能叶轮机

转动。

除了总体上分为两种外，在每一个类型的叶轮机中，还依照不同的叶片数，分为了单叶片、双叶片、三叶片及多叶片的结构（图 6-5）。

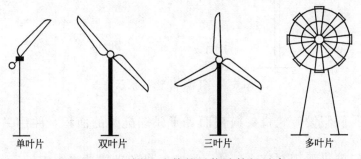

图 6-5　不同叶片数的风能叶轮机示意

对于水平式叶轮机，尽管叶片越少，成本就越低，并且容易减少在运行过程中的能量损耗。但是，由于叶片需要随时处于平衡状态，所以单叶片的叶轮机需要在反向加一个重物。另外，从视觉上来说，单叶片的叶轮机也并不美观。而双叶片的叶轮机虽然稍有改观，却也同样有着上述问题。事实上，大多数使用的都是三叶片式的叶轮机（图 6-6）。

从空气动力学的角度来说，叶片越多，则整个叶轮机系统就越稳定。当叶片数量很多时（比如 6 个、8 个、12 个或者更多），叶片面积与空隙面积的比将趋向无穷大，即整个叶片系统呈现出一个完整的固体状态。所以，多叶片的叶轮机转子，又被称为高固转子。由于接受风力的面积比较大，这样的叶轮机可以在有风的条件下自己启动，也即该类

图 6-6　三叶片式水平风能叶轮机

叶轮机可提供的扭矩较大。所以在使用风力提水的过程中，一般都使用的多叶片风车。

　　立式风能叶轮机现在更多的是处于研发阶段，但是相对水平式，这种设计方式可以更加直接的接收到风能，发生器和变速箱等重要设备可以直接置于地面高度，这使得风车塔的设计更加简单并且经济。不仅如此，该类风能叶轮机的部件可以直接设计在地面高度。

　　但是这类叶轮机也有着其固有的缺陷。首先，它们无法实现自启动，这就需要增加其他的设备，来给风车的叶片一个转动的初速度。其次，在转子旋转的一个周期内，每个叶片总有一个角度是受风的力矩为零的死角，这降低了整个系统的效率。再次，在风力过强时，叶轮机叶片会转速过快，如果没有很好的保护措施，很可能会引起整个风车塔的倒塌。最后，适合该类风车塔的布线方式也是比较难以实践的。

　　目前来说，主要有 3 种立式叶轮机系统。第一个是"打蛋型"叶轮机（darrieus rotor），该叶轮机的命名是由于酷似西方的打蛋机。第二个是"桶式"叶轮机（savonius rotor），这是由于该类型的风车叶片非常像一个大的扁桶。最后是英国的 Musgrove 教授设计的 H 形叶轮机系统。

对风能转换系统的设计是个相当复杂的工程，其囊括了空气动力学、结构力学、材料科学以及经济学等学科。篇幅所限，这里仅仅使用最简单的空气动力学方法来估算和设计风车的叶轮系统。在这个过程中，我们要确定以下几个参数：

① 叶轮的外缘半径（$R$）；

② 叶片的数量（$B$）；

③ 转子在设计点的叶尖速比（$\lambda_D$）；

④ 空气动力面的设计升力系数（$C_{LD}$）；

⑤ 叶片的冲角（$\alpha$）。

叶轮系统的半径设计依赖于涡轮机需要的能量大小及使用中风的大小状况。如果涡轮机在设计点处的理想功率已知，则有：

$$P_D = \frac{1}{2} C_{PD} \eta_d \eta_g \rho_a A_T V_D^3$$

式中，$C_{PD}$ 是传动轴的设计能量效率；$\eta_d$ 为驱动效率；$\eta_g$ 为发电机的效率。

从这个公式中，我们就可以估算出叶轮的外缘半径为：

$$R = \left[ \frac{2 P_D}{C_{PD} \eta_d \eta_g \rho_a \pi V_D^3} \right]^{\frac{1}{2}}$$

若是将风能直接加以利用，并且需要的功率为 $E_A$，则叶轮的外缘半径为：

$$R = \left[ \frac{2 E_A}{\eta_s \rho_a \pi V_M^3 T} \right]^{\frac{1}{2}}$$

式中，$\eta_s$ 为系统总效率；$V_M$ 为一段时间内的平均风速；$T$ 为风的作用时间。

对于叶尖速比的设计，则是依赖于风车的不同应用。比如，若是我们设计一个风能的泵，则涡轮机的初始扭矩应当设计得尽量大，所以应该选择小的顶端速度比。同样，由于叶片数量的不同，对叶尖速度比也有着显著的影响，图 6-7 是叶片数与叶尖速比的关系曲线。

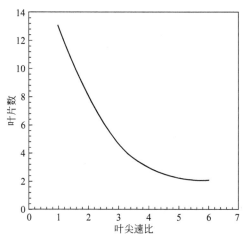

图 6-7　叶片数与叶尖速比的关系曲线

冲角 $\alpha$ 和相关升力系数 $C_{LD}$ 则是通过设计中叶片的剖面性能确定的。由于在设计过程中，我们希望能尽量的增加升力而减少阻力，于是我们一般取最小的 $C_D/C_L$ 时 $\alpha$ 的值。该值一般从可以由图 6-8 中过原点做 $C_D$-$C_L$ 曲线的切线的方法得到。

在上述 5 个参数确定后，我们还需要计算叶片弦线 $C$ 及不同位置处的叶片设置角 $\beta$。现在令 $C$ 和 $\beta$ 距离中心的距离为 $r$，则有关系式：

$$\lambda_r = \frac{\lambda_D r}{R}$$

$$\phi = \frac{2}{3}\arctan\frac{1}{\lambda_r}$$

$$\beta = \phi - \alpha$$

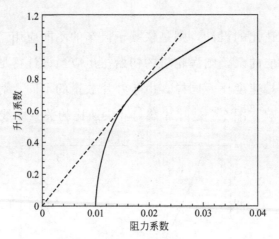

图 6-8　叶片空气动力面的 $C_D$-$C_L$ 关系

$$C=\frac{8\pi r}{BC_{\text{LD}}}\ (1-\cos\phi)$$

于是，我们得到一般叶片的各个重要参数，并可绘制叶片结构图（图 6-9）。

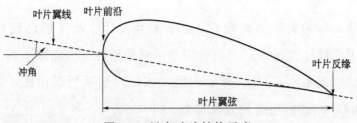

图 6-9　风车叶片结构示意

与其他能源相比，风能的一个非常大的特点就是，无论在风力大小还是在风的方向，都有着极端的不稳定性，所以研究风的地域性及其他相关特性，对于是否在当地使用风能以及使用何种风能形式，都有着举足轻重的参考价值。

风形成的最基本原因是由于地球各处接受太阳光辐射能量的不均衡，造成了大气的气压差，于是空气从气压高的位置流动到气压低的位置，就形成了风。但是在地球自转的影响下，风的位置并不是垂直于气压的梯度方向的（图 6-10）。这对于我们确定风车的方向是非常必要

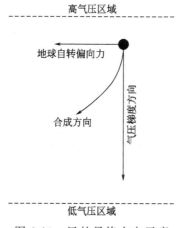

图 6-10 风的最终方向示意

的。一般我们习惯于选取风车正对风向，以最大限度地利用风能来驱动叶轮机。

风车塔的高度也是一个很重要的问题，日常经验告诉我们，越高的地方风越大，但是风车塔则会随着升高而急剧地增加成本。如何平衡成本和风力大小的问题，需要对风在不同高度上的能量进行对比研究。一般的，风速随着离地面高度的变化曲线如图 6-11 所示。

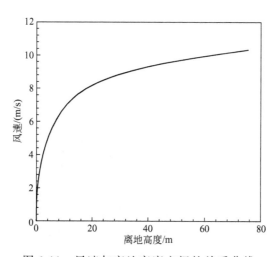

图 6-11 风速与离地高度之间的关系曲线

当风在行进过程中遇到比如粗糙的表面、楼房、树木及岩石时，可能会突然剧烈地改变方向和速度大小，这就形成了风的湍流（图6-12）。

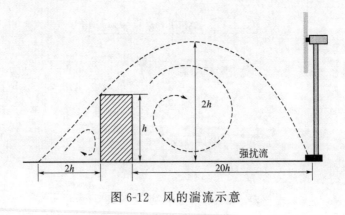

图 6-12　风的湍流示意

风的湍流的出现，不但减小了风能，并且加重了风能叶轮机的负载疲劳。湍流的强度与障碍物的大小及形状密切相关。一般地，湍流区域在逆风向上的距离大概是障碍物高度的 2 倍左右，而在顺风向，则是 10～20 倍于障碍物高度的距离。在垂直方向上，湍流的影响高度也有障碍物高度的 2～3。所以，在建立风车时，也同时需要将周围临近位置的障碍物考虑在内。

　　不同于湍流的产生，当风在行进方向上遇到的是山脊时，则可能会被加速。这是由于当风越过此类障碍物时，会被积压（图 6-13）。而加速的程度则是依赖于山脊的形状。若山脊的倾斜角在 6°～16°之间，则会增强风能。而当倾斜角小于 3°或者大于 27°时，则对风能的利用有着很不好的影响。

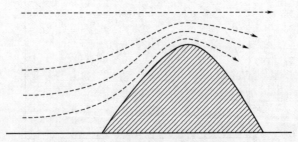

图 6-13　风越过山脊时的加速作用

　　在当今的能源使用中，电能无疑是人类日常生活中最重要的一种能源形式。能否有效地将风能转换为电能，是风能是否能够成为主要的可再生新能源一员的决定性因素。现在通常的风能发电系统还都是水平式的风车叶轮机，其基本结构一般有：风车塔、转子、高速及低速轴、变速箱、发电机、传感器、功率控制模组和安全系统（图 6-14）。

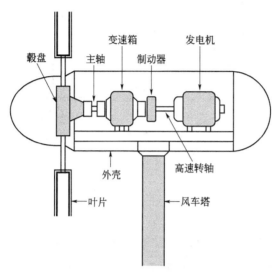

图 6-14　风力发电机结构示意

当我们需要把风车塔建造到一定高度时，我们又该以怎样的结构来设计风车塔，以保证足够的坚固度和更低的成本呢？通常的风车主塔的设计有两种，网格型（lattice tower）和圆筒型（tubular tower）。网格型的塔架的成本远比圆筒型低，并且可以降低整个风车的重量。但是，网格型塔架由于有着诸如缺乏美感、稳定性差、不耐严寒等问题，所以在日常所看到的风车中，以圆筒型为主。近来，又有人提出了混合塔架结构（图 6-15）。

旋转系统是整个风轮机中最重要的部件，它负责从风中汲取动能并且转化为机械轴承的旋转能。转子又可细分为叶片、毂盘、转轴、轴承及其他一些零部件。其中，叶片部分作为转子中接受风力作用的主要单位，更是重中之重。叶片的制备，从很古老的木材，一直发展到当今的碳化物。使用木材或者金属制备的叶片，只能局限于比较小的尺寸上，所以现在商业化的大型叶片基本是使用多层的玻璃纤维制成。现在，更是在该叶片上采用比如更换基体材料、增韧结构等方法，以达到提高叶片的性能。传统的叶片制备方法是铸造-开模、湿铺法。有些厂商使用

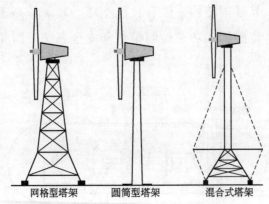

网格型塔架　　　　圆筒型塔架　　　　混合式塔架

图 6-15　不同类型的风力发电机塔架结构

真空助树脂传递模成形（vacuum assisted resin transfer molding）法制备叶片。

随着尺寸的增大，碳-玻璃复合材料开始逐渐被一些厂商使用用来制备叶片。该类叶片被寄予了能提高抗疲劳特性的希望。而碳材料的高刚性特征，则避免了叶片在强风中会弯曲变形的可能。于是，叶片可以设计得更接近风车塔架，从而减少了成本，节约了空间。另外，碳还能够提高叶片的边缘抗疲劳性能，这在大尺寸叶片使用中一直是一个令人头疼的问题。同时，由于碳属于低密度物质，所以还可以使叶片的质量减少20%左右。这样，就可以使用更轻的塔架、毂盘及其他结构支持部件，最终降低整个风力发电设备的制造成本。

变速箱是风力发电机的叶轮机系统中又一个核心部件，它不但起着传递能量的作用，还起着协调旋转系统和发电系统的作用。一般地，转子系统的速度大概是30～50r/min，然而，发电机的最佳转速则在1000～1500r/min，这两者间转速的极端的不相称，就靠变速箱来协调。简单典型的变速箱的结构如图6-16所示。事实上的变速箱要比示意图中的复杂得多，这是由于变速箱不仅仅要起到改变转速的作用，更要具备平稳的安静的工作状态。

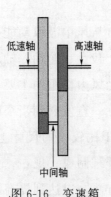

低速轴　　高速轴

中间轴

图 6-16　变速箱结构示意

作为风能利用的最终目标，发电性能的好坏

自然尤其重要，所以发电机无可争议地成为了风能发电的能量转换过程中最重要的一个组件。不同于其他形式的能量向电能转换，风能的电能转换发电机有着自己独有的特征。其中最典型的当数风能系统中的发电机是应用于输入能量极其不稳定的情况下的。在实际使用中，小型的发电机用于直流发电，其装机容量一般为几瓦特到几千瓦特不等。而大型的风力发电机组则用于提供单相或者三相的交流电。作为一种备受瞩目的新能源利用方式，大型的风能发电机组一般选择建立在空旷的平原地带，这时，最适合的发电机就是三相交流电型发电机。而三相交流发电机又分为了异步发电机 [induction/asynchronous generator，图 6-17(a)] 和同步发电机 [synchronous generator，图 6-17(b)]。

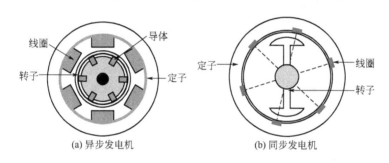

(a) 异步发电机　　　　　　　(b) 同步发电机

图 6-17　异步发电机与同步发电机的结构示意

　　作为一种清洁的新型能源，风能有望在部分区域替代常规能源，并且有着可持续再生的优良品质。如今世界各地都在对风能进行研究和应用。各种大型的风能发电机组也逐渐被开发出来投入应用。欧洲很多国家都已逐渐将其能源生产转向风能。在丹麦消耗的电力中，有 20% 来自风能；预计到 2020 年英国所有房屋的供电都将依靠风能，因为该国政府计划在英国乡村地区和沿海地区首批兴建 7000 座风力涡轮机并拟取代丹麦成为世界上最大的风能利用国家；西班牙总发电量中有 40% 来自风能。美国、古巴、哥斯达黎加、阿根廷、巴西、智利，甚至包括石油供应大国厄瓜多尔等多个国家都已制定计划，将风能纳入自己的能源生产中。根据中国风能协会（CWEA）的统计，2008 年中国风能市场的规模与 2007 年相比扩大了一倍，总装机容量达到了 12GW。在

2009 年，预计新的装机容量能再翻一倍。按照这个速度，到 2010 年，中国风能总量将可能超越德国和西班牙成为世界第二。我国可开发利用的风能资源有 10 亿千瓦，其中陆地 2.5 亿千瓦，现在仅开发了不到 0.2%；近海地区有 7.5 亿千瓦，风能资源十分丰富。当今世界的风能利用可以参看图 6-18，可见在广袤的亚非拉地区，风能应用还有着非常广阔的前景。

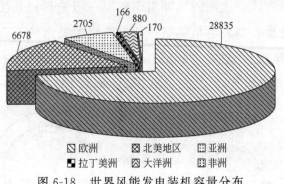

图 6-18　世界风能发电装机容量分布

# 6.5　地热能

地热能是来自地球深处的可再生热能。它起源于地球的熔融岩浆和放射性物质的衰变。地下水的深处循环和来自极深处的岩浆侵入到地壳后，把热量从地下深处带至近表层。通过钻井，这些热能可以从地下的储层引入水池。房间、温室和发电站。地热能不是一种"可再生的"资源，而是一种像石油一样，是可开采的能源，最终的可回采量将依赖于所采用的技术地热能是指储存在地球内部的热能。其储量比目前人们所利用的总量多很多倍，而且集中分布在构造板块边缘一带、该区域也是火山和地震多发区。如果热量提取的速度不超过补充的速度，那么地热能便是可再生的。高压的过热水或蒸汽的用途最大，但它们主要存在于干热岩层中，可以通过钻井将它们引出。地热能是天生就储存在地下的，不受天气状况的影响，既可作为基本负荷能使用，也可根据需要提供使用。地热能利用在以下 4 方面起重要作用：地热发电、地热供暖、地热务农、地热行医。地热能一般分为 5 类：过热蒸汽；热水和蒸汽混合物；热的干岩石；压力热水和稠热的岩浆。我国在西藏羊八井和朗久地区都建成了容量较大的地热电站，羊八井地热电站已与拉萨联网，成为拉萨市主要供电系统。此外，我国台湾省的宜兰县清水地热发电站目前发电量也已有 800kW。目前，世界各国都在积极开发利用地热能。地热探查方法也多种多样，如航空探测、电磁、重力及地震探测等。同时地热能的综合利用日趋广泛，但是，地热能的直接利用也有其局限性，主要是受载热介质-热水输送距离的制约。

全球地热资源的储量相当大。全球地热资源的分布是明显的地温梯度每公里深度大于 30℃ 的地热异常区，主要分布在板块生长、开裂-大洋扩张脊和板块碰撞，衰亡-消减带部位。环球性的地热带主要有下列 4 个：环太平洋地热带、地中海-喜马拉雅地热带、大西洋中脊地热带、红海-亚丁湾-东非裂谷地热带。

随着全世界对洁净能源需求的增长，将会更多地使用地热。全世界到处都有地热资源，特别是在许多发展中国家尤其丰富，它们的使用可取代带来污染的矿物燃料电站。

人类很早以前就开始利用地热能，例如利用温泉沐浴、医疗，利用地下热水取暖、建造农作物温室、水产养殖及烘干谷物等。但真正认识地热资源并进行较大规模的开发利用却是始于 20 世纪中叶。地热能的利用可分为地热发电和直接利用两大类，而对于不同温度的地热流体可能利用的范围如下：

① 200～400℃ 直接发电及综合利用；

② 150～200℃ 双循环发电，制冷，工业干燥，工业热加工；

③ 100～150℃ 双循环发电，供暖，制冷，工业干燥，脱水加工，回收盐类，罐头食品；

④ 50～100℃ 供暖，温室，家庭用热水，工业干燥；

⑤ 20～50℃ 沐浴，水产养殖，饲养牲畜，土壤加温，脱水加工。

全国目前经正式勘察并经国土资源储量行政主管部门审批的地热田为 103 处，经初步评价的地热田 214 个。据估算目前全国每年可开发利用的地热水总量约 68.45 亿立方米，折合每年 3284.8 万吨标准煤的发热量。从我国地热水利用方式看，供热采暖占 18.0%，医疗洗浴与娱乐健身占 65.2%，种植与养殖占 9.1%，其他占 7.7%。

地热能利用中，地源热泵空调系统由于采用利用地下浅层地热资源作为冷热源，所以有着显著的节能效果，正以其不可替代的优势，成为近年来世界再生能源利用及建筑节能领域中增长最快的产业之一。地源热泵系统分土壤源热泵系统、地下水热泵系统和地表水热泵系统 3 种形式。土壤源热泵系统的核心是土壤耦合地热交换器。地下水热泵系统分为开式、闭式两种：开式是将地下水直接供到热泵机组，再将井水回灌到地下；闭式是将地下水连接到板式换热器，需要二次换热。地表水热泵系统与土壤源热泵系统相似，用潜在水下并联的塑料管组成的地下水热交换器替代土壤热交换器。地源热泵系统中的一个重点材料是热交换器，一般来讲，一旦将换热器埋入地下后，基本不可能进行维修或更换，这就要求保证埋入地下管材的化学性质稳定并且耐腐蚀。常规空调系统中使用的金属管材在这方面存在严重不足，且需要埋入地下的管道的数量较多，应该优先考虑使用价格较低的管材。所以，土壤源热泵系统中一般采用塑料管材。目前最常用的是聚乙烯（PE）和聚丁烯（PB）管材，它们可以弯曲或热熔形成更牢固的形状，可以保证使用 50 年以上；而 PVC 管材由于不易弯曲，接头处耐压能力差，容易导致泄漏，因此，不推荐用于地下埋管系统。

在某些商用或公用建筑物的地源热泵系统中，系统的供冷量远大于供热量，导致地下热交换器十分庞大，价格昂贵，为节约投资或受可用地面积限制，地下埋管可以按照设计供热工况下最大吸热量来设计，同时增加辅助换热装置（如冷却塔＋板式换热器，板式换热器主要是使建筑物内环路可以独立于冷却塔运行）承担供冷工况下超过地下埋管换热能力的那部分散热量。

# 参 考 文 献

[1]  U. S. Department of Energy，Monthly Energy Review，August 2003，Energy Information Administration Report DOE/EIA-0035（2003/08）. Washington，D C：U. S. DOE, August 2003.

[2]  Ran F J，Admantiades A G，Kenton J K，Braun C. A Guide to Nuclear Power Technology. New York：Wiley，1984.

[3]  The Windicator，Wind Energy Facts and Figures from Wind Power monthly. Windpower Monthly News Magazine，Denmark，USA：1-2，2005.

[4]  Lee Tae-Joon，Lee Kyung-Hee，Oh Keun-Bae. Strategic environments for nuclear energy innovation in the next half century. Progress in Nuclear Energy，2007，49（5）: 397-408.

[5]  Masao Hori. Nuclear energy for transportation：Paths through electricity，hydrogen and liquid fuels. Progress in Nuclear Energy，2008，50（2-6）：411-416.

[6]  Masanori Tashimo，Kazuaki Matsui. Role of nuclear energy in environment，economy, and energy issues of the 21st century—Growing energy demand in Asia and role of nuclear. Progress in Nuclear Energy，2008，50（2-6）：103-108.

[7]  Rudnik Ewa，Nikiel Marek. Hydrometallurgical recovery of cadmium and nickel from spent Ni-Cd batteries. Hydrometallurgy，2007，89（1-2）：61-71.

[8]  Xiang J Y，Tu J P，Yuan Y F，et al. Electrochemical investigation on nanoflower-like CuO/Ni composite film as anode for lithium ion batteries. Electrochimica Acta，2009, 54（4）：1160-1165.

[9]  Sakai Tetsuo，Uehara Ituki，Ishikawa Hiroshi. R&D on metal hydride materials and Ni-MH batteries in Japan. Journal of Alloys and Compounds，1999，293-295: 762-769.

[10]  Faaij A P C. Bio-energy in Europe：changing technology choices. Energy Policy，2006, 34（3）：322-342.

[11]  Qu Mei，Tahvanainen Liisa，Ahponen Pirkkoliisa，et al. Bio-energy in China: Content analysis of news articles on Chinese professional internet platforms. Energy Policy，2009，37（6）：2300-2309.

[12]  Harro von Blottnitz，Mary Ann Curran. A review of assessments conducted on bio-

ethanol as a transportation fuel from a net energy, greenhouse gas, and environmental life cycle perspective. Journal of Cleaner Production, 2007, 15 (7): 607-619.

[13] Athena Piterou, Simon Shackley, Paul Upham. Project ARBRE: Lessons for bio-energy developers and policy-makers. Energy Policy, 2008, 36 (6): 2044-2050.

[14] Hu Zhiyuan, Pu Gengqiang, Fang Fang, et al. Economics, environment, and energy life cycle assessment of automobiles fueled by bio-ethanol blends in China. Renewable Energy, 2004, 29 (14): 2183-2192.

[15] Ahmet Duran Sahin. Progress and recent trends in wind energy. Progress in Energy and Combustion Science, 2004, 30 (5): 501-543.

[16] Seguro J V, Lambert T W. Modern estimation of the parameters of the Weibull wind speed distribution for wind energy analysis. Journal of Wind Engineering and Industrial Aerodynamics, 2000, 85 (1): 75-84.

[17] Crawford R H. Life cycle energy and greenhouse emissions analysis of wind turbines and the effect of size on energy yield. Renewable and Sustainable Energy Reviews, 2009, 13 (9): 2653-2660.

[18] Makkawi A, Tham Y, Asif M, et al. Analysis and inter-comparison of energy yield of wind turbines in Pakistan using detailed hourly and per minute recorded data sets. Energy Conversion and Management, 2009, 50 (9): 2340-2350.

[19] David Berry. Renewable energy as a natural gas price hedge: the case of wind Energy Policy, 2005, 33 (6): 799-807.

[20] Njau E C. How anthropogenic activities influence terrestrial heat/temperature patterns. Renewable Energy, 1999, 17 (3): 319-338.

[21] Jaupart C, Labrosse S, Mareschal J-C. Temperatures, Heat and Energy in the Mantle of the Earth. Treatise on Geophysics, 2007, Chapter 7.06, 253-303.

[22] Matsukawa Masaki, Saiki Ken'ichi, Ito Makoto, et al. Early Cretaceous terrestrial ecosystems in East Asia based on food-web and energy-flow models. Cretaceous Research, 2006, 27 (2): 285-307.

# 作者简历

艾德生，男，1971 年 12 月出生于云南。1995 年 7 月毕业于北京大学，获理学学士学位。1999 年 12 月毕业于中国科学院地质与地球物理研究所，获理学博士学位。2000 年 2 月起在清华大学核能与新能源技术研究院精细陶瓷实验室工作，2002～2004 年在韩国 Seoul National University 材料系先后做博士后和研究员工作。目前主要从事纳米粉体的制备、改性与应用及新能源材料的研究。主要的社会学术兼职有中国颗粒学会超微颗粒委员会秘书长、中国颗粒学会青年工作委员会副主任、北京市粉体技术协会理事等。负责过国家自然科学基金、清华大学基础研究基金、省校横向合作课题十余项，参与承担过科技部"863"项目、校企合作项目等近十项。发表论文六十余篇，专著三部。

高喆，男，1983 年出生于山东。2005 年毕业于山东大学，获工学学士学位。2007 年毕业于清华大学，获工学硕士学位。2007 年 9 月起在韩国 Seoul National University 材料系攻读博士学位。主要从事新能源材料的开发研究。